極限嚴選！
Google超神密技完全攻略

〔年度最強決定版〕

PCuSER研究室 著

OFFICE 2AC579

極限嚴選！Google超神密技完全攻略〔年度最強決定版〕

作　　　者	PCuSER研究室
責 任 編 輯	單春蘭
特 約 編 輯	張智傑
特 約 美 編	劉依婷
封 面 設 計	韓衣非
行 銷 企 劃	辛政遠
行 銷 專 員	楊惠潔
副 社 長	黃錫鉉

總 經 理	吳濱伶
發 行 人	何飛鵬
出 　 版	電腦人文化
發 　 行	城邦文化事業股份有限公司
	歡迎光臨城邦讀書花園 網址：www.cite.com.tw
香港發行所	城邦（香港）出版集團有限公司
	香港灣仔駱克道193號東超商業中心1樓
	電話:(852) 25086231　傳真:(852) 25789337
	E-mail：hkcite@biznetvigator.com
馬新發行所	城邦（馬新）出版集團【Cite(M)Sdn. Bhd】
	41, Jalan Radin Anum, Bandar Baru Sri Petaling,
	57000 Kuala Lumpur, Malaysia.
	電話:(603) 90578822　傳真:(603) 90576622
	E-mail：cite@cite.com.my

印 　 刷	凱林彩印股份有限公司
2021年(民110)6月 初版 2 刷　Printed in Taiwan.	
定 　 價	350元

版權聲明　本著作未經公司同意，不得以任何方式重製、轉載、散佈、變更全部或部分內容。

商標聲明　本書中所提及國內外公司之產品、商標名稱、網站畫面與圖片，其權利屬各該公司或作者所有，本書僅作介紹教學之用，絕無侵權意圖，特此聲明。

國家圖書館出版品預行編目資料

極限嚴選！Google超神密技完全攻略〔年度最強
決定版〕／ PCuSER研究室 著. -- 初版. -- 臺北市：
電腦人文化出版：城邦文化發行, 民108.08
　　面；　公分

ISBN 978-957-2049-11-2
1.網際網路　2.搜尋引擎

312.1653　　　　　　　　　　108010361

●如何與我們聯絡：

1.若您需要劃撥購書，請利用以下郵撥帳號：
郵撥帳號：19863813　戶名：書虫股份有限公司

2.若書籍外觀有破損、缺頁、裝釘錯誤等不完整現
　象，想要換書、退書，或您有大量購書的需求服
　務，都請與客服中心聯繫。

客戶服務中心
地址：10483 台北市中山區民生東路二段141號B1
服務電話：（02）2500-7718、（02）2500-7719
服務時間：週一～週五上午9：30～12：00，
下午13：30～17：00
24小時傳真專線：（02）2500-1990～3
E-mail：service@readingclub.com.tw

3. 若對本書的教學內容有不明白之處，或有任何改進
　建議，可將您的問題描述清楚，以E-mail寄至以下信
　箱：pcuser@pcuser.com.tw

4. PCuSER電腦人新書資訊網站：
http://www.pcuser.com.tw

5. 電腦問題歡迎至「電腦QA網」與大家共同討論：
http://qa.pcuser.com.tw

6. PCuSER專屬部落格，每天更新精彩教學資訊：
http://pcuser.pixnet.net

7. 歡迎加入我們的Facebook粉絲團：
http://www.facebook.com/pcuserfans
（密技爆料團）
http://www.facebook.com/i.like.mei
（正妹愛攝影）

※詢問書籍問題前，請註明您所購買的書名及書號，
　以及在哪一頁有問題，以便我們能加快處理速度為
　您服務。

※我們的回答範圍，恕僅限書籍本身問題及內容撰寫
　不清楚的地方，關於軟體、硬體本身的問題及衍生
　的操作狀況，請向原廠商洽詢處理。

Part 1

Part 2

Contents ·····•

目錄

YouTube影音製作播放技巧 181

用Gmail收發電子郵件 221

Google表單設計密技 241

Part 4

Part 5

Part 6

Part 7

5

Part 01

超解密！
Google搜尋大神完全實戰

01 快速掌握Google搜尋技巧

我們最常在Google中搜尋的就是網頁了，只要輸入關鍵字，數以百萬計的相符網頁就在瞬間出現在我們眼前，迅速、正確，這正是Google最迷人的地方吧！

> 官方網址：http://www.google.com.tw　　　　🎤　　Google 搜尋

01 首先我們在Google首頁的搜尋欄位輸入「台灣」，關鍵字輸入的同時，搜尋欄位下方會即時出現「搜尋建議」以及相關的結果筆數，如果有出現我們想輸入的關鍵詞，只要直接點擊即可，相當實用。

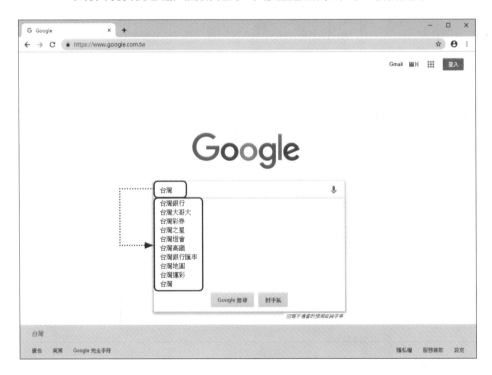

02 才花0.52秒的時間，Google就搜尋出745,000,000筆相關結果的網頁出來。這時我們可以透過每一筆結果底下的摘錄預覽一下網頁內容。

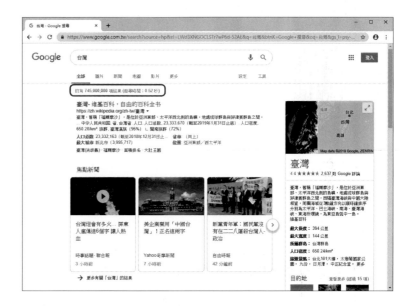

03 由於搜尋的結果太多筆了，在同一個頁面塞不下，因此在網頁的最下方，我們可以直接點選切換到「下一頁」或指定頁數。

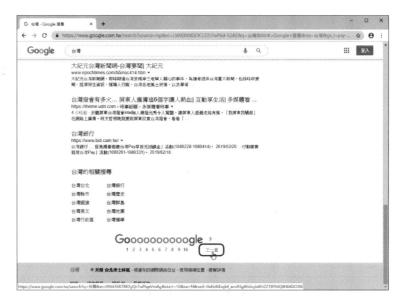

02 用進階搜尋精準命中 關鍵結果

要是我們想搜尋的關鍵字條件相當複雜，想搜尋和某個關鍵字相關的網頁，卻又不希望這些網頁中出現另一個關鍵字，甚至希望只查詢到某一個時間內產生的網頁，這時候我們可以透過「進階搜尋」的功能，來滿足我們的特殊要求。

01 假設我們想搜尋包含「小熊維尼」關鍵字的「迪士尼」搜尋結果，但又不希望出現「米奇」一詞，而且最好是一個月內的網頁。此時我們可以點選Google首頁右下方的「設定」→「進階搜尋」。

02 「進階搜尋」的網頁裡能運用的條件很多，我們可以依需求分別在「含以下所有字詞」、「與以下字詞或語句完全相符」、「含以下任何字詞」、「不含以下任何字詞」、「數字範圍」中輸入查詢條件，並且可以指定語言、地區、上次更新時間、網站或網域、關鍵字出現的位置、使用權限等等。若是點選「安全搜尋」，還能選擇「過濾含有露骨內容的搜尋結果」幫我們把限制級的網頁過濾掉哦！

03 搜尋結果果然令人滿意，我們在這裡還可以直接改變時間範圍和語言繼續搜尋，或是按下鍵盤的〔Backspace〕回到上一頁變更其他搜尋條件，相當方便。

⓪③ 讓Google更懂你想搜什麼！

Google網頁搜尋的精準度與數量是毋庸置疑的，不過可別以為Google就很不個人化，其實在搜尋介面的語言、或結果頁面的呈現上，Google也能讓我們依個人喜好及使用習慣，設定偏好的搜尋方式呢！

 01 首先我們來開啟Google首頁，並點選右側的【搜尋設定】。

02 一開啟「搜尋設定」畫面，可以看到關於開啟安全搜尋的選項、及在搜尋列輸入關鍵字時，是不是要立即在下拉選單中顯示搜尋結果以及數量，還有編輯Google用來建議搜尋結果的搜尋記錄。

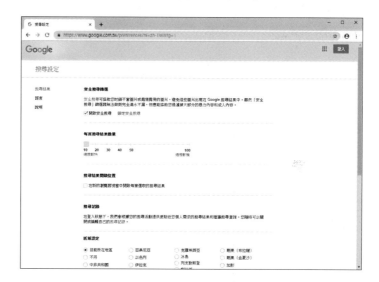

03 除此之外，還可以設定搜尋結果開啟位置，以及編輯Google用來建議搜尋結果的搜尋記錄。最底下還可以選擇是否在搜尋所有網站時使用中文簡繁轉換功能，全部設定完成以後，按一下〔儲存〕即可。

04 一鍵命中關鍵字，好手氣快速搜尋

用了Google這麼久，眼尖的讀者一定早就發現，在首頁上除了〔Google搜尋〕這個按鈕外，旁邊還有一個〔好手氣〕按鈕。「好手氣」當然不會報大樂透的號碼給你，這可是Google的獨家技術呢！只要輸入關鍵字，然後按下〔好手氣〕，Google就會自動連到最有可能是我們要查詢的網頁去唷！

01 以查詢「Apple蘋果電腦」的網頁為例，只要在搜尋欄位輸入「Apple官網」，接著按下〔好手氣〕，出現的竟然不是Google的搜尋結果頁面，而是直接連到Apple網站。

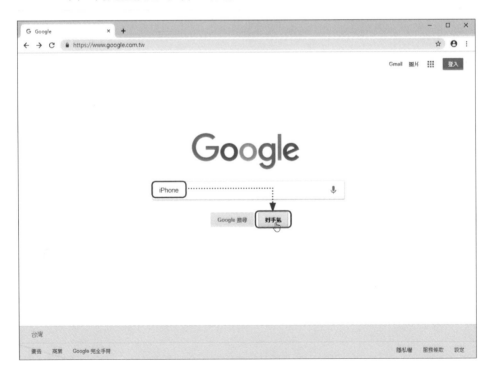

02 對於一般政府機關或是大家所熟知的網站搜尋上，「好手氣」通常都能直接帶我們前往目的網站。

03 不管是不是公家機關或約定俗成的關鍵字，試試「好手氣」，有時也會有意想不到的收穫！

05 別怕錯字，隨便打隨便搜

有時候我們搜尋時卻不小心拼錯字，聰明的Google會貼心地提醒我們要查的是不是另一個字，不會讓我們白搜一趟，真是打錯字也懶得改正的懶人福音啊。

假設我們要搜尋旅外球員陽岱鋼的相關網頁，卻不小心在搜尋欄位輸入成「楊岱剛」。聰明的Google覺得我們可能打錯字了，因此在頁面上方會出現「目前顯示的是以下字詞的搜尋結果：陽岱鋼」。若不需Google雞婆改正的話，可以直接點選「楊岱剛」的連結來查看結果。

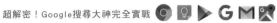

06 單位不必換算直接詢問

　　Google除了能應付各種複雜的運算式，還提供了各種長度、重量、容積、溫度、速度等度量衡的單位換算。我們可以用相當口語化的方式，像是「50.5公斤等於幾磅」、「1加侖=?升」、「1年有幾天」等方式輸入查詢呢！

在搜尋欄位輸入「60.7公斤等於幾磅」搜尋，Google可以幫我們進行不同單位之間的換算。另外，不同單位的度量衡之間，也可以進行運算哦！當然不能以「1公分+1公斤」這種不同類型的度量衡企圖把Google搞瘋。

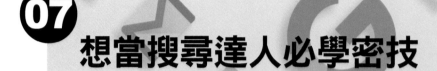

07 想當搜尋達人必學密技

　　雖然說有時候要提昇搜尋的命中率時，可以利用「進階搜尋」來設定更多的搜尋選項，不過進階搜尋的項目有限，這時候我們可以利用Google支援的許多運算子搭配起來搜尋，讓結果更加精準。

「+」：多關鍵字搜尋

如果想搜尋有關中秋節烤肉的資訊，光是只用「烤肉」當關鍵字，可能會搜尋到一堆不相干的資訊。像這個時候我們就可以運用「+」這個語法，搜尋出同時包含「中秋節」及「烤肉」這兩組關鍵字的網頁。

檢索語	「空格」或「+」（加號）
基本查詢語法	「關鍵字1」「空格」「關鍵字2」或「關鍵字1」「+」「關鍵字2」
範例	中秋節 烤肉　或是　中秋節+烤肉
使用時機	這個搜尋語法最常會使用到，尤其是當我們輸入的關鍵字是比較通用的詞語時，如果能再增加一組關鍵字，通常能讓搜尋的結果更精確。
注意事項	使用「+」時兩個關鍵字間不可以有空格。
備註	1.關鍵字1與關鍵字2互換並不影響搜尋結果。 2.空格是全形或半形皆可。

「-」：關鍵字排除

有時候我們可能不希望遺漏任何相關的網頁，但絕大多時候，當我們要搜尋某個關鍵字時，卻經常被許多不相干的網頁所迷惘。為了讓搜尋結果更為精確，我們可以利用這個語法，來刪除不必要的結果。舉例來說，想要查有關電影「復仇者聯盟」的相關資訊，但不想被「暴雷」，搜尋的關鍵字就應該這樣輸入：

檢索語	「-」（減號）
基本查詢語法	「關鍵字1」「空格」「-」「關鍵字2」
範例	復仇者聯盟 -暴雷
使用時機	想要搜尋有關鍵字1，但不包含關鍵字2的資料時。
注意事項	「-」號前面一定要空一格。
備註	1.關鍵字1與關鍵字2不可互換。 2.空格是全形或半形皆可。

「OR」：加大搜尋範圍

用檢索語「+」，可以查到兩組關鍵字都出現的網頁資料，而如果使用「OR」，則是能把兩組關鍵字中，只要出現其中一組關鍵字，都是我們要搜尋的範圍，比「+」的搜尋結果更廣。舉例來說，我們想找「日本」或是跟「奧運」有關的新聞，就可以運用這個檢索語法。

檢索語	「OR」
基本查詢語法	「關鍵字1」「空格」「OR」「空格」「關鍵字2」
範例	日本 OR 奧運
使用時機	想要搜尋與關鍵字1或關鍵字2相關的資料，或是不確定正確的名詞時。
注意事項	OR一定要大寫。
備註	1.關鍵字1與關鍵字2互換並不影響搜尋結果。 2.若關鍵字皆為中文，OR前後的空格可以省略；若關鍵字皆為英文，則OR前後的空格不可省略。

「""」：強迫搜尋完整字句

當我們試著想要在網頁中找出一句特定的話，或某個專有名詞的相關資料時，常會發現原本好好的一句話或英文片語，Google自動將它拆開成好幾個關鍵字，在造行在搜尋時，無緣無故多了些不需要的搜尋結果。這時我們就可以用「"關鍵字"」這個語法，來避免Google的「自作聰明」。

檢索語	「""」
基本查詢語法	「"」「關鍵字」「"」
範例	"When we were very young"
使用時機	當你想要找出有與這一段話一模一樣的相關網頁時。
注意事項	1. "內若有空格需特別留意是全形或半形，搜尋的結果會各不一樣。 2. "內不能出現大寫的「OR」。
備註	「"」符號本身是全形或半形皆可。

「*」：使用萬用字元

所謂的萬用字元，是指在某些軟體中我們可以利用星號「*」、問號「?」或百分比「%」等特殊字元，來代表一或多個我們不確定的字元。比方說我們若不確定是「總統府」或「總督府」時，就可以藉由萬用字元「總*府」，來尋找相關資訊。Google在英文部分並不支援傳統萬用字元的搜尋，比方輸入「b*g」，Google並不會幫我們搜尋含「bag」、「bug」、「big」或「boring」的網頁。

不過在中文字上，則是支援萬用字元「*」。

檢索語	「*」
基本查詢語法	「關鍵字1」「*」「關鍵字2」
範例	總*府
使用時機	不確定其中的字詞或正確寫法時。
注意事項	英文的部分並不支援。
備註	「*」不一定要在關鍵字中間，也可以在前面或後面。

「..」:數字範圍搜尋

針對數字範圍的搜尋，Google有一個神奇的語法，讓我們可以直接搜尋含有給定範圍內之數字的結果。我們可以使用「數字範圍」來設定任何種類的範圍，日期、重量、價格、長度都可以，但請務必指定數字範圍所代表的測量單位或其他指示符號。舉例來說，我們想搜尋網路上價格在8000元到10000元之間的所有網頁時，就可以運用這個語法。

檢索語	「..」
基本查詢語法	「數字1」「..」「數字2」
範例	$8000..$10000
使用時機	想查詢某個數字範圍之間的全部資訊。
注意事項	數字1要比數字2小才行。
備註	無

「inurl:」：只在連結搜尋

大多數的網站管理員為了讓檔案的管理方便，會將網頁的資源分類集中在固定的資料夾，比方說把音樂檔放在名為「mp3」或「music」的資料夾裡。而Google正好有一個檢索語法，可以專門只針對網頁的連結網址進行查詢。利用這個特性，當我們想找位在「mp3」資料夾且內容含有「piano」的相關網頁時，就可以善用這個語法。

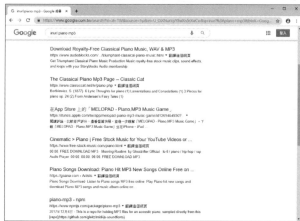

檢索語	「inurl:」
基本查詢語法	「inurl:」「關鍵字1」「空格」「關鍵字2」
範例	inurl:piano mp3
使用時機	想查詢包含關鍵字2且網址中有關鍵字1的資訊時。
注意事項	「inurl:」與「關鍵字1」之間不可以有空格。
備註	若希望關鍵字1和關鍵字2都要出現在網址時，則要改用「allinurl」。

「site:」：針對某網站或網域搜尋

當我們逛到某些自己有興趣的網站時，常會覺得該網站的資料很豐富，甚至豐富到不容易找到自己需要的資料！如果這個網站本身有全文檢索的功能還好辦，但如果該網站沒有辦法進行全文檢索，或是搜尋引擎搜尋的功能不佳該怎麼辦呢？

別擔心，Google除了能幫我們搜尋全世界的網頁外，還能讓我們針對特定一個網站，搜尋該站的網頁資料內容呢！

檢索語	「site:」
基本查詢語法	「關鍵字」「空格」「site:」「網址」或「網域名稱」
範例	迪士尼 site:tw.yahoo.com
使用時機	搜尋單一網站中或是指定網域的網頁資訊時。
注意事項	「網址」或「網域名稱」的部分前面不能加上「http://」。
備註	網址「/」後面的子網址也能加以運用。

「intext:」：只在內文搜尋

既然Google有專門針對連結網址進行查詢的檢索語法，當然也有專門針對內文搜尋的檢索語法。如果我們想搜尋關鍵字含「東京」，且網頁內文中一定有「奧運」這個關鍵字時，可以利用這個語法讓Google只針對網頁內容進行搜尋。

檢索語	「intext:」
基本查詢語法	「intext:」「關鍵字1」「空格」「關鍵字2」
範例	intext:東京 奧運
使用時機	想查詢包含關鍵字2且網頁內容中有關鍵字1的資訊時。
注意事項	「intext:」與「關鍵字1」之間不可以有空格。
備註	若希望關鍵字1和關鍵字2都要出現在網址時，則要改用「allintext」。

「intitle:」：只在標題列搜尋

檢索語「intext」是只針對網頁內容搜尋，現在我們要介紹另一個檢索語「intitle」，指定搜尋具有特定標題的網頁，這也是增加命中率的資料搜尋方式。

檢索語	「intitle:」
基本查詢語法	「intitle:」「關鍵字1」「空格」「關鍵字2」
範例	intitle:總統 大選
使用時機	想查詢包含關鍵字2且網頁標題中有關鍵字1的資訊時。
注意事項	「intitle:」與「關鍵字1」之間不可以有空格。
備註	若希望關鍵字1和關鍵字2都要出現在標題時，則要改用「allintitle」。

「filetype:」：搜尋特定格式檔案

大多數的搜尋引擎都只能搜尋html這類網頁格式的內容，Google則更進一步地提供了PDF、DOC、XLS等非網頁內容的全文檢索功能，對於經常需要搜尋技術文件、專業文件的網友來說，是相當有用的功能！若我們只想搜尋特定格式的文件內容時，Google也提供了一個專搜特定格式的語法。假設我們要找尋內文跟「履歷」有關的DOC文件，我們就可以透過這個語法來搜尋。

檢索語	「filetype:」
基本查詢語法	「filetype:」「檔案格式」「空格」「關鍵字」
範例	filetype:DOC 履歷
使用時機	查詢特定格式的文件資料時。
注意事項	「filetype:」檢索語目前只支援PDF、PS、DOC、RTF、TXT、XLS、PPT、SWF、WKS等格式的文件內容查詢。
備註	網址「/」後面的子網址也能加以運用。

「link:」：搜尋相連結的網頁

如果本身是網站經營者或是部落格的版主，經營網站一陣子之後，會不會很想知道有哪些網站設了超連結連結到我們的網站呢？接下來要介紹的這個語法，正可以滿足你的好奇心和虛榮感哦！我們以電腦人網站「www.pcuser.com.tw」為例，來找找看有哪些網站上有連結。

檢索語	「link:」
基本查詢語法	「link:」「網址」
範例	link:www.pcuser.com.tw
使用時機	查詢連到特定網址的網頁。
注意事項	「link:」後面必須是完整的網址，而不能是模糊的網域名稱。
備註	1.網址前面的「http://」可以省略。 2.網址「/」後面的子網址也能加以運用。

「related:」：搜尋同類型的網站

除了有搜尋相連結的神奇功能外，Google還提供我們另一種更特異的功能，就是可以讓我們查詢到同一類型的網頁。在此我們以蘋果官方網站（www.apple.com）為例，搜尋在Google眼中跟它屬於同類型的網站有哪些。

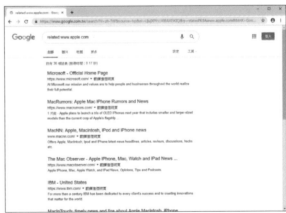

檢索語	「related:」
基本查詢語法	「related:」「網址」
範例	related:www.apple.com
使用時機	查詢相同類型的網頁。
注意事項	「related:」後面必須是完整的網址，而不能是模糊的網域名稱。
備註	1.網址前面的「http://」可以省略。 2.網址「/」後面的子網址沒有意義。

「cache:」：只在頁庫存檔中搜尋

還記得我們曾提過Google在進行搜尋索引時，會對所有的網頁產生「頁庫存檔」嗎？有時為了特殊需求，像是一些新聞八卦事件，曝光後令當事人覺得不妥而刪掉的關鍵網頁，或是某些網站突槌、被駭的頁面，引發我們想從頁庫存檔中挖出庫存的網頁時，就要牢牢記住這個語法。

檢索語	「cache:」
基本查詢語法	「cache:」「網址」
範例	cache:www.pcuser.com.tw
使用時機	查詢存放在Google「頁庫存檔」裡的庫存網頁。
注意事項	「cache:」後面必須是完整的網址，而不能是模糊的網域名稱。
備註	1.網址前面的「http://」可以省略。 2.某些網頁會設定不讓Google存取庫存檔。

08 即刻搜尋喜歡的圖片

除了網頁之外，Google還能搜尋圖片哦！不管你是美工人員，還是單純的想要欣賞各種人物、新聞、美工圖片，透過Google都能夠讓你找到滿意的結果。首先點選Google首頁上部連結的「圖片」，進入「Google圖片搜尋」，接著在搜尋欄位輸入我們想尋找的圖片關鍵字。

01 在此我們以日本女星新垣結衣為例，在搜尋欄位中輸入「新垣結衣」後，按下搜尋鈕或〔Enter〕。

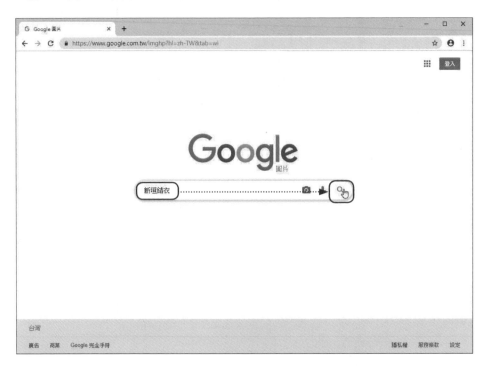

02 Google一樣很快地就顯示出搜尋結果，找到一堆圖片以後，可以點開
　　圖片，會出現比較大的預覽圖

04 除了用文字來搜尋、或是用已經搜尋到的圖片來延伸搜尋，Google也
　　支援直接用現有的圖片來搜喔！如果你用Google瀏覽器的話，可以直
　　接從檔案總管將想搜尋的圖片拉到搜尋欄位中來搜尋。

每天最夯新聞頭條報你知

雖然現在新聞的來源很多，不管是手機App或各大入口網站都可以看到豐富海量的新聞資訊，不過通常只能看到國內外的中文新聞，而Google新聞最大的好處就是除了中文新聞以外，還能選擇看哪個國家的新聞，也能自訂想看什麼新聞分類，十分符合個人需求。

01 在Google搜尋頁面上方功能表按一下「新聞」，就可以搜尋與關鍵字有關的新聞大事。

02 在上一步驟中點進「新聞」以後，可以看到Google整理的各項新聞頭條，在上方欄位中可以輸入關鍵字來搜尋特定新聞。在搜尋新聞時，可以點擊一下欄位右側的小箭頭，叫出「進階新聞搜尋」欄位，在尋找新聞時可以更加精準。

03 此時就會搜尋出與關鍵字有關的新聞，我們可以依照相關性或時間排序，追蹤特定時間點的新聞。

10 比博X來更方便的數位書城

　　網路購書雖然方便，但是跟實體書店比起來，沒有辦法翻閱實際的內容，只能利用書名、作者、出版社、簡介或圖書分類來做搜尋。Google提供了可以讓你免費預覽書籍的網站，不但把書本的內容都掃進資料庫中，更可以利用全文檢索的方式來搜尋，同時讓我們享受到跟在實體書店一樣的翻閱樂趣。

01 開啟瀏覽器，連至「http://books.google.com」並在搜尋欄位輸入關鍵字。在此我們以「Google活用攻略」為例，輸入完畢按下 🔍 搜尋按鈕。

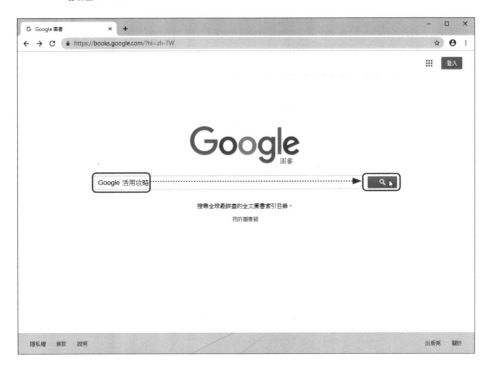

 接下來會找到很多書籍，這裡點擊「最強嚴選！Google超級密技活用攻略」。

 進入以後，可以看到頁面右方是本書的預覽，有提供樣頁預覽及版權頁等資訊，如果想要看完整本書的話，不妨點擊〔購買電子書〕，不用出門也可以馬上從Play商店下載到手機或PC上看。

11 Google內建簡易小算盤

如果你剛好需要計算一些數字加減乘除時，手邊沒有計算機的話，連電腦中的小算盤都不用叫出來，直接在Google搜尋網頁輸入算式就可以獲得解答了。

01 如果你所需要計算的問題是兩個以上的數字的話，可以參考下圖及表格中的算式來計算。

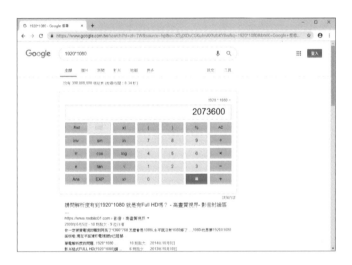

語法	定義	範例	結果值
A+B	A加上B	1.8+2.4	4.2
A-B	A減掉B	300-0.01	299.99
A*B	A乘以B	5*7	35
A/B	A除以B	21/3.5	6
A%B	A除以B的餘數(模)	7%5	2
A^B	A的B次方	5^2	25
A開B	次方A的B次方根	9開2次方	3
A選B	在A個單位中選B個有多少種選法	3選2	3

如果是只有一個數字，需要計算方程式時，也可以參考圖中及表格中的算式來計算。

語法	定義	範例	結果值
sqrt(A)	A的平方根	sqrt(36)	6
sin(A)、cos(A)、tan(A)、ctn(A)、sec(A)、csc(A)	A的正弦、餘弦、正切、餘切、正割、餘割	sin(60)	-0.304810621
ln(A)	以無理數e為底的A的對數	ln(2.71828)	0.999999327
log(A)	以10為底的A的對數	log(1000)	3
A!	A的階乘	3!	6
A%	百分之A	71.2%	0.712

要特別注意的是，Google的運算邏輯是「先乘除後加減」，也就是說當一串運算式錯雜在一起時，會先將乘除的部分進行運算，再把結果與其他數字加減，而不是從最前面開始進行運算。

比方說3*2+2/2，就會先計算「3*2」(=6)和「2/2」(=1)的部分，再由6+1得到結果為7。而不是3*2(=6)的結果先加上2(=8)，再以8/2(=4)。

如果我們不希望先乘除後加減，那麼可以將想要先計算的部分加上括號，強迫Google先計算括號內的算式。比方說(1+2)*3，得到的結果就會是9。

12 Google查詢國際匯率

如果剛好要出國，Google還能幫我們進行各國貨幣的匯率兌換唷！Google匯率換算的基準是由美國花旗銀行提供，不過由於各家銀行的匯率不盡相同，也會隨著匯市交易而隨時浮動，因此只能做為參考，不適合拿來進行外匯的操作。

01 只要在Google首頁打上外幣金額，搜尋的結果就會自動幫你換算成多少新台幣囉！

02 匯率的部分也是可以進行簡單的四則運算，並可以指定運算後的幣值。

03 此外也支援口語化的語法，如：「40000台幣的一半換成泰銖」。

⓭ 知識性學術論文也能搜

　　這年頭雖然熱心的網友很多，部落格裡各式各樣的意見更多，有時候八卦看多了，總想聽一下專家說法。「Google學術搜尋」就提供了我們一個簡單的方法來廣泛搜尋學術性的文獻，包括了大學及其他學術單位的評鑑性報告、論文、書籍、摘要與其他學術性文獻等，讓我們從全球的學術研究中找到最相關的研究報告。

> 官方網址：http://scholar.google.com.tw/　🎤　　Google 搜尋

01　開啟瀏覽器，並連至「http://scholar.google.com.tw/」，在搜尋欄位輸入關鍵字後按下搜尋按鈕。

02 接著會顯示從各學術研究報告中搜尋得到的結果。頁面中標示了文章類別、標題、出處來源、作者、發表年份及簡介等摘要資訊，若該文章內容曾被引用過，還會註明被引用的次數。

03 當然，我們也可以按一下網頁左上角的 ≡ 按鈕，再點擊 ✿ →【進階搜尋】，進行更深入的複合條件搜尋。

14 管理Google上的搜尋記錄

　　「凡走過必留下痕跡。」這句話也適用於Google搜尋上哦！如果我們擁有Google帳戶並保持在登入狀態，Google就會把我們每次在Google輸入的搜尋關鍵字記錄下來。Google會根據這些搜尋記錄加以運算，取得較相關且有用的結果，使我們搜尋的精確度愈來愈高。一開始我們也許感受不到太大的差異，但是當我們逐漸累積自己的搜尋記錄時，個人化搜尋的結果就會不斷改善。

01 啟動網頁瀏覽器，連結至Google的首頁，然後點選右上角的「登入」連結。登入Google帳戶以後，在首頁右上角按一下帳戶圖示，然後在跳出的選單上按一下「Google帳戶」。

02 在登入以後，點選左側邊選單上的「資料和個人化」，可以看到右方
會出現「活動和時間軸」項目，點選「我的活動」旁的連結。

03 在跳出的網頁中記錄著你的搜尋記錄，這些內容只有你可以看到，別
人看不見，點擊右側的三點按鈕並按下「刪除」就可以輕鬆刪掉搜尋
記錄囉！

15 查不懂的單字還可以順便學新詞

　　智慧型手機不僅好玩又實用，我們出國旅遊時或看到不懂的英文單字，也能馬上用Google來查詢，不過查到單字的意思後，通常很快就會忘記了，「WORD COACH」可以透過簡單的選擇題讓你對英文單字更加熟悉喔！

01 打開Android手機中內建的「Google」App，搜尋想知道意思的英文單字後，可以看到搜尋結果下面有個「WORD COACH」區塊，將網頁往上滑動吧。

02 在「WORD COACH」中，會出一些關於英文字義比較的題目，選對了就會得分。

03 一回合為5題，5題做完以後就可以按一下〔Next round〕進行下一回合囉！

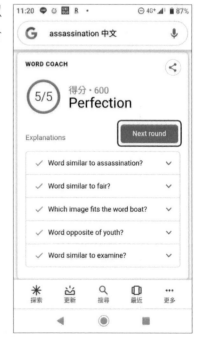

16 Google熱門搜尋主題

　　Google滿20歲了！這20年來，網路上的搜尋風氣到底如何變化呢？不管你是單純對熱門話題有興趣，還是從事相關的行業，都可以到「20 years of Google Search」來看看世界的變化喔！

官方網址：https://20years.withgoogle.com/　　　　　🎤　　Google 搜尋

連上「20 years of Google Search」後，可以看到中央有一個圖表，會隨機出現從1999～2018年，關於這個關鍵字的熱門度消長，也可以點進去看詳細變化。

Part 02

Google地圖街景壯遊王

Google地圖快速上手實戰

Google地圖在改版之後，雖然介面變得十分清爽，不過過度簡化的介面卻容易讓使用者丈二金剛摸不著頭腦，不知如何使用，其實Google地圖還是一如往常般易用，但介面更加清爽囉！

官方網址：http://maps.google.com.tw　🎤　Google 搜尋

01 開啟Google地圖以後，可以看到左上方有一個搜尋欄位，輸入想要搜尋的地址以後，按一下 🔍 即可搜尋。

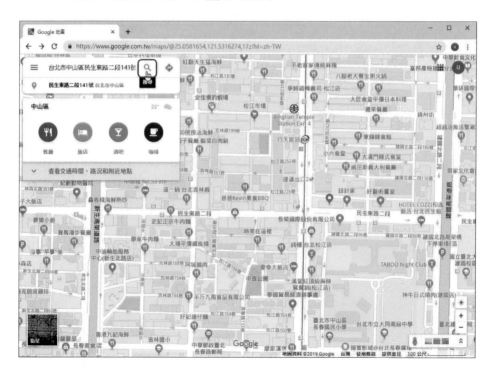

02 很快的就可以看到搜尋結果,如果搜尋的地點不是太偏僻的話,在左方的結果中還會顯示街景預覽。

03 按一下右下方的 🔢 ,可以放大及縮小現有的地圖,對於需要拉近細看的區域來說十分方便。

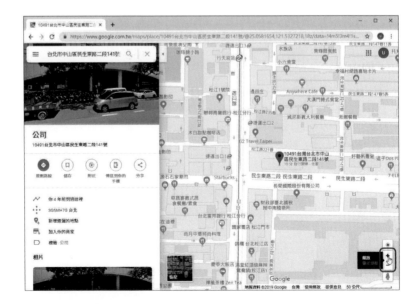

04 此外，雖然我們比較常觀看的是另外繪製的路線地圖，看起來也比較清晰易懂，但如果你需要看空照地圖的話，只要按一下左下角的「衛星」即可切換。

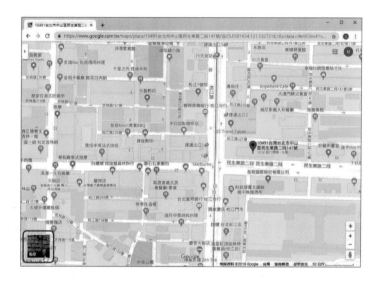

05 切換到衛星空照圖以後，雖然看起來房屋密密麻麻的，但是在找某些景點時，以此模式會比較方便。

06 除了用地址來搜尋以外，還可以用地名或政府機關、餐廳店鋪等名稱來搜尋，例如我們想找「台北市政府」，只要輸入名稱搜尋即可。

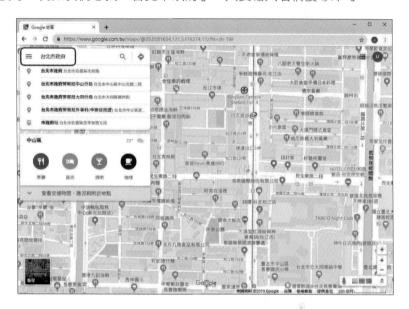

07 也許我們並不僅只找到一個結果，找到我們要的搜尋結果以後，按一下名稱即可進入。

02 在家就能悠遊景點逛到翻

　　Google地圖不只能讓你尋找地點，Google獨家的「街景服務」更融入了虛擬實境的方式在地圖上遊覽，讓使用者更身歷其境，不需要繁瑣的設定，只要輕輕拖曳黃色小人到地圖上即可進入街景服務，最近Google更是整合了過去不同時間點拍攝的照片，可以讓你在同一個地點中任意切換，就像是搭乘時光機一樣，可以看到以前的街景喔！

01 在地圖的右下方，先按住黃色人形並拖曳到想要觀看街景的地點上並放開，就會自動開啟街景服務。

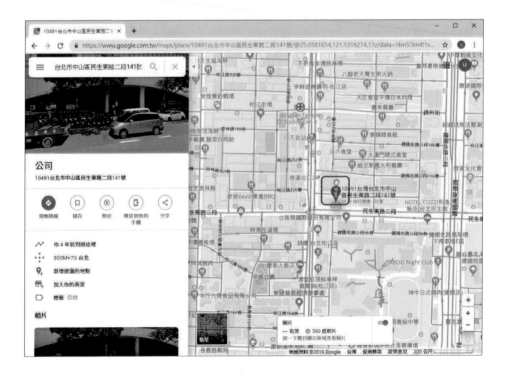

02 開啟街景服務以後，可以看到這是一個360度的環景照片，可以利用鍵盤上的方向鍵及滑鼠左右鍵搭配，來前進後退與放大縮小。

03 此時在左上角會出現一張預覽圖，拉動底下的滑桿可以顯示在其他時間點的資料縮圖，點擊該縮圖右下方的放大鏡圖示以後，就會將街景服務更換為選擇的時間點。如果此地點有很多的存檔的話，就可以像時光機一樣，在不同的時間點看看這附近的街景有何變化。

03 在地圖上規劃遊玩路線

　　週休二日與假日時出遊是不是很期待啊？別忘了一樣要用Google地圖來規劃路線，可別只顧著標記目的地附近有什麼好吃的名店喔！

01　在搜尋地點的同時，按一下左方的「規劃路線」即可將此地點設定為目的地。

02 此時左上方欄位會自動幫你填入目的地，你必須在上面一個欄位中輸入出發地，並選擇交通方式（從左至右依序為開車、大眾運輸工具、走路、自行車），最後按一下 🔍 開始搜尋。

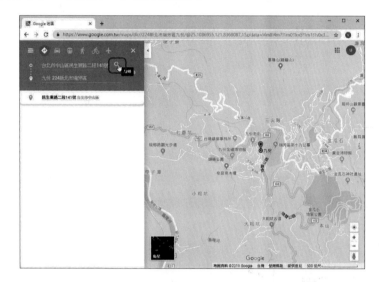

03 Google馬上就會幫你規劃路線，小編選擇的是以自行開車抵達，在畫面左方Google給我們2種路線選擇，你可以點擊「途經⋯⋯」來切換，而規劃好的路線可以拉動來改變經過的道路。

04 也試試看選擇用大眾運輸工具前往，由於大眾運輸工具包含了公車及捷運，因此Google會把所有能到達的路線列在左方，一樣可以點擊切換，並以不同的顏色表示不同的捷運路線。

05 規劃好去程以後，那回程該怎麼辦？別擔心，只要輕鬆點擊 圖示，即可對調出發地與目的地囉！

04 快用地圖找好吃餐廳馬上GO

Google地圖除了找地址及路線超好用以外，還可以在上頭找餐廳及咖啡廳、酒吧呢！不過Google上有登記的餐廳多半是有店面的，想吃吃路邊攤的話，Google可能就幫不太上忙囉！

01 在搜尋地址的時候，在左上方搜尋結果中，有個「探索此區域」區塊，可以點擊「附近」 ◎ 圖示，然後點選「附近有餐廳」、「附近有飯店」、「附近有酒吧和夜店」，馬上能找到地點附近的美食天堂！

02 在上一步驟中我們點擊了「附近有餐廳」，就會在地圖上標記許多紅色點點，在左方也會列出許多評價不錯的餐廳，可以直接點擊餐廳名稱。

03 點擊餐廳名稱以後，在左方會顯示此餐廳的資訊，點擊「＊篇評論」即可觀看已經用餐過的網友評論。參考網友的評論對於我們是不是要前往此餐廳或酒吧，是非常實用的。

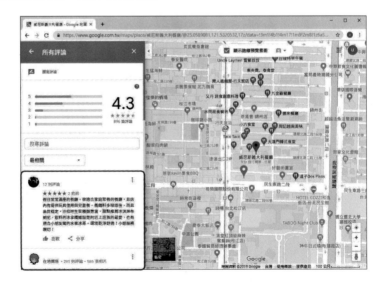

05 自訂超個人化「我的地圖」

Google除了傳統的地圖服務以外，還可以依照每個人的需求，製作出好用的自訂地圖，你可以利用工具在上面標記出景點，Google還可以依照不同的交通工具幫你估算時間及路程，真的是很方便。

01 自訂地圖真的很容易！首先按一下右上方的〔登入〕圖示，登入自己的Google帳號，然後按一下左上方的 ≡ 圖示開啟Google地圖選單。

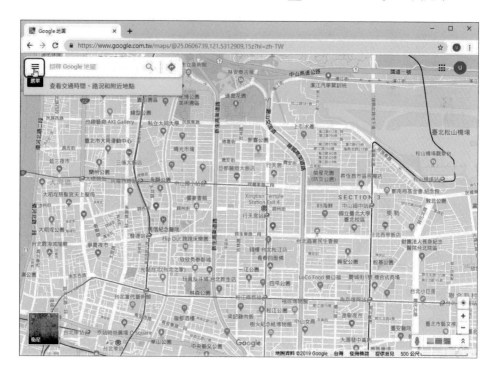

接下來，再按一下點擊「你的地點」選項連結。

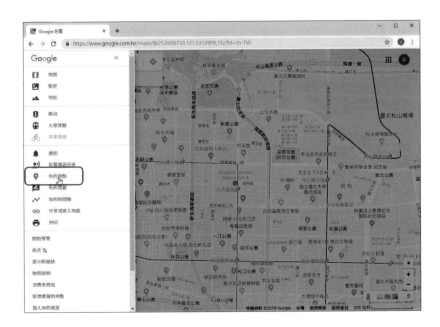

然後在「建立地圖」連結上按一下滑鼠左鍵。

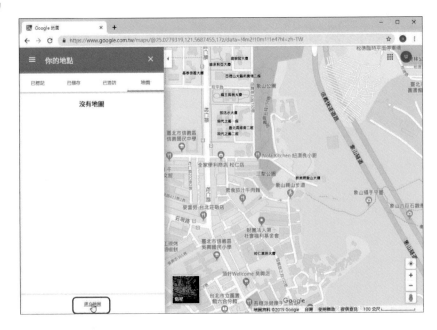

04 一開始建立的空白自訂地圖,可以先取個名字方便辨識,在「無標題的圖層」點擊一下滑鼠左鍵來變更名稱。

05 在跳出的「編輯圖層名稱」對話盒中,輸入地圖標題,然後按一下〔儲存〕存檔。

06 進入編輯地圖的模式中以後，按一下 🖐 即可拖曳地圖位置，想設定地圖點時則先按一下 📍 再用滑鼠左鍵點擊想設定的地點。

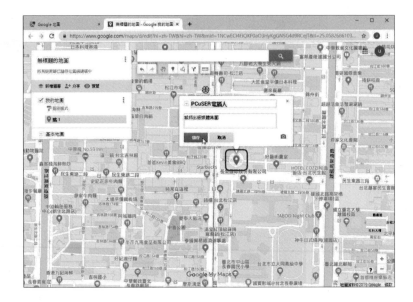

07 每個地圖標示點長得都一個樣，怎麼分得清楚誰是誰呢？別擔心，按一下名稱右方的 🎨 ，讓我們來自訂各個標記的長相。

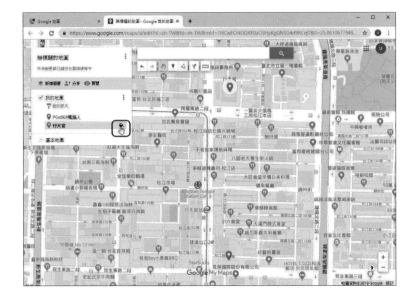

08 點擊圖示以後，會跳出一個小對話盒，讓你選擇氣球圖示的顏色，地圖標記一多時比較容易區分，此外還可以選擇「顯示形狀」用不同的形狀來標示，如果覺得種類不夠多的話，再按一下〔更多圖示〕。

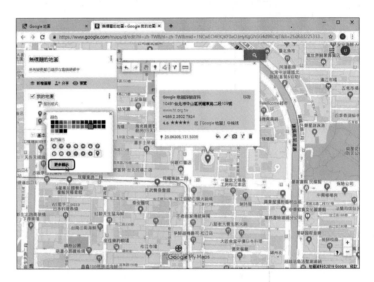

09 在上一步驟中，點擊〔更多圖示〕以後，可以看到依照「形狀」、「體育與休閒娛樂」、「地點」、「交通」、「災害」、「氣象」、「動物」等類別區分了更多圖示，點擊喜歡的並按一下〔確定〕來套用。

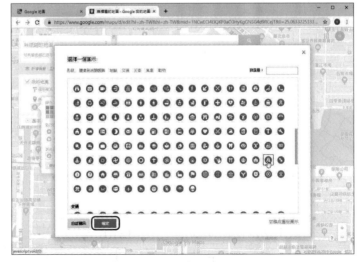

10 建立好地點以後，有時需要知道某地的範圍時，只要按一下 ⬚ 會跳出下拉選單，選擇【新增線條或形狀】。

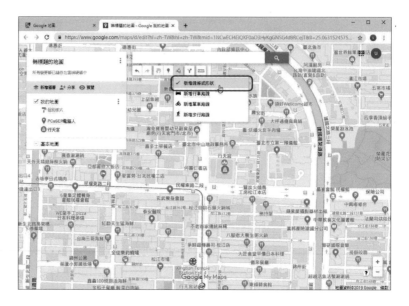

11 然後，拉動線條來畫，並為這個範圍命名，就會自動計算圈選處的面積及長度。

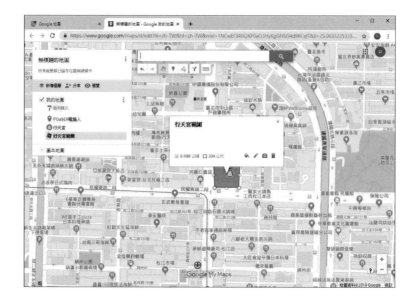

12 除了拉線條以外，也可以按一下 ⮟ 來新增路線，點擊出發地及目的地的標示以後，Google會自動幫你連接兩個地方的路線。

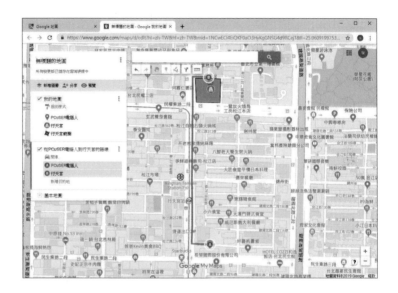

13 此外，還可以選擇交通方式來改變不同的前往路線。

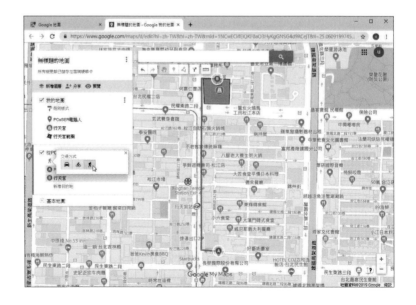

按一下該路線標題右側的 ⋮ 圖示，然後點選選單內的【詳細路線說明】，就會顯示此交通方式所需時間囉

 製作完成的自訂地圖，可以按一下 ⚯分享 ，分享到Gmail、Google+、Facebook、Twitter等網路服務，給親朋好友參考。

06 在手機上查詢「我的地圖」

我們將自訂地圖應用在地圖App中，出外旅遊時將自訂的地圖路線打開，即可輕鬆看到景點等資訊，出外遊玩時更不容易迷路囉！

01 開啟地圖App以後，點擊 ☰，然後在跳出的左側選單中點擊【你的地點】。

02 在「你的地點」中，滑到最右方的「地圖」，可以看到你之前自訂的地圖，點擊就可以載入到Google地圖中囉！

03 往後旅遊時可以直接用Google地圖來查看事先規劃的行程，並完整使用地圖App的功能囉！

07 拉條線測量景點間的距離

想知道地圖上兩點間的直線距離時，不用真的拿尺來量喔！只要點一下起點與終點，就可以輕鬆得知了。

01 在想測量距離的起點點擊一下滑鼠右鍵，跳出選單以後點擊【測量距離】。

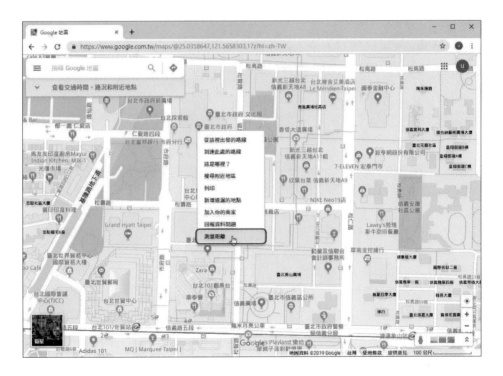

然後再到終點點擊一下滑鼠左鍵。

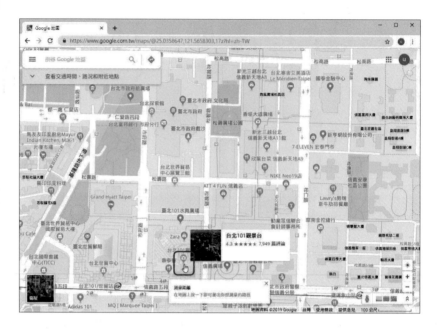

 Google地圖就會自動測量兩個點的「直線距離」，並顯示在下方的「測量距離」對話盒中。

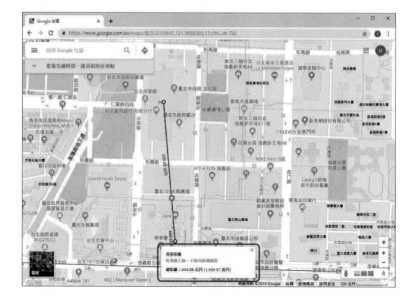

08 不怕斷線！下載離線地圖

　　在國外沒網路又得查詢Google地圖時怎麼辦？目前Google逐步開放離線地圖功能，讓你不需要在有網路的環境就能得知目的地的資訊。

01 　　在地圖App中找到目的地城市以後，在上面點擊一下，此時會跳出氣球圖案，底下也會出現資訊卡片。

02 將資訊卡片向上拉動全螢幕後，再點擊一下右上角的 ⋮ ，會跳出一個小選單，點擊【下載離線地圖】。

03 在下載之前會先詢問你要下載的範圍，基本上就是以螢幕可視範圍為地圖下載區域，縮放完成以後點擊右下角的〔下載〕，就可以下載地圖囉！

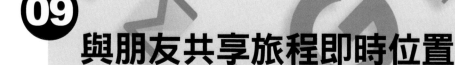

09 與朋友共享旅程即時位置

　　有時候一群朋友開車出遊，但總是要打電話報路線是不是覺得很麻煩呢？Google地圖App中有一個功能可以幫你告訴朋友你目前的所在位置，讓朋友一看就明瞭你在哪，跟車時就不會跟丟囉！

　　在Google地圖App中規劃好路線上路後，點一下 ⋮ →「分享你的位置資訊」，就可以用LINE等App將目前旅途所在的即時位置分享給朋友喔！

10 在地圖上新增我拍的照片

想在Google地圖上分享你拍的照片給朋友看嗎？你可以將拍攝的當地風景照上傳到景點上，往後網友們就可以看到你拍的美照囉！

01 進入Google地圖以後，登入並點擊景點，會在左側跳出此景點的簡介頁面，點擊「新增相片」來加入景點照片。

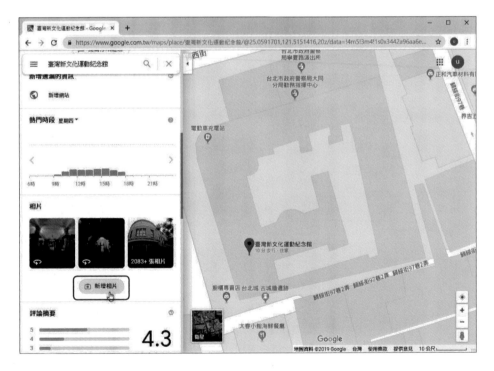

02 此時會出現一個對話盒,將照片拖曳到對話盒中,就可以輕鬆上傳照片囉!

03 上傳完成以後,點擊〔完成〕離開。

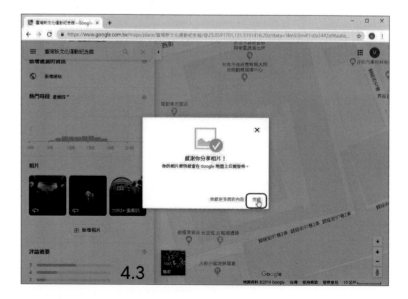

04 之後只要點擊景點時，在左側跳出的選單上點擊照片欄位，就可以看到上傳的照片囉！

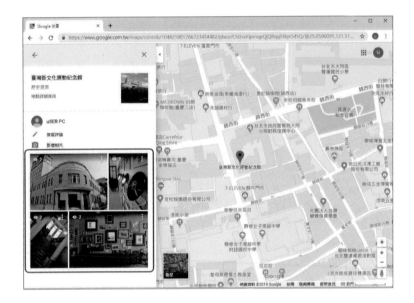

05 在Google地圖上看到自己拍攝的景點照片，是不是很有成就感？趕緊將你拍攝的美景通通上傳吧！

Google幫你記錄旅程歷史

11

Google地圖App中有一個有趣的功能，開啟它以後就會幫你自動記錄去過哪些地方，如果你想知道的話不妨來開啟它吧！

 在地圖App中，點擊 ☰ 圖示，在左側選單中再點擊【你的時間軸】。

02 Google會利用定位紀錄來幫你統計一段時間中你所去過的地方，看到自己曾經去過的地點時不是還挺有趣的呢？

03 點擊 📅 圖示以後，還可以叫出月曆，快速開啟其他天的行程喔。

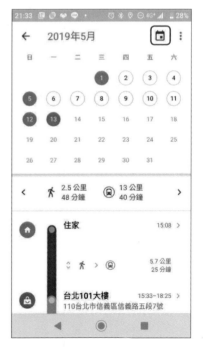

12 無料下載Google地球專業版

　　Google地球是3D版的地圖，雖然原本就可以免費使用，但專業版本的材質解析度更高，還可用試算表匯入地址，而原價萬元的專業版你現在也能免費擁有囉！

下載網址：https://www.google.com/flights?hl=zh-TW 🎤　　Google 搜尋

01 首先連上「http://www.google.com/intl/zh-TW/earth/download/gep/agree.html」，下載Google地球專業版，點擊左下角的〔同意並下載〕。

02 執行下載回來的exe檔案以後，等待些許下載的時間，即可安裝完成。

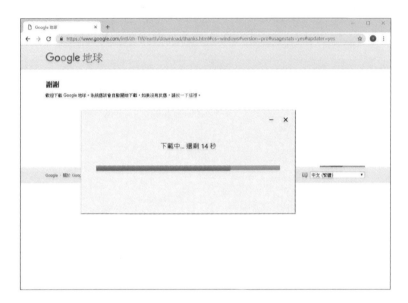

03 開啟Google地球，就可以順利啟用專業版本囉！

> ❗ 如果遇到需要登入的情況的話，請輸入你的Gmail帳號並用「GEPFREE」當密碼即可。

13 用Google找到最便宜機票

現在流行出國自由行，不過機票就得自己想辦法了，一家一家航空公司比價好麻煩，Google新推出的「Google航班」服務，可以讓你在規劃旅程時更加輕鬆，讓Google幫你找到最低價的機票吧！

下載網址：https://www.google.com/flights?hl=zh-TW   🎤   Google 搜尋

01 在首頁上輸入起始與目的地及旅遊時間後，點擊〔搜尋〕開始找便宜機票吧！

02 在搜尋結果中，可以依照行李、轉機次數、航空公司……等條件來排序，如果你是航空公司的常客，更可以選擇飛行聯盟的方式，讓旅程的效益更加倍。

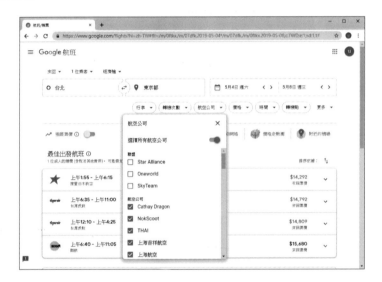

03 由於我們找到的票價並沒有特別便宜，因此先不急著買，點擊「追蹤票價」來讓Google幫我們自動比價，並通知我們。

04 每天Google都會寄信通知我們目前的最低票價，如果覺得夠低了，就可以點擊想購買的票價項目直接連到該航空公司的官網來購買喔！

05 只要你持續在Google航班中追蹤票價的話，Google就會幫你將最近的票價波動數值，繪製成折線圖。

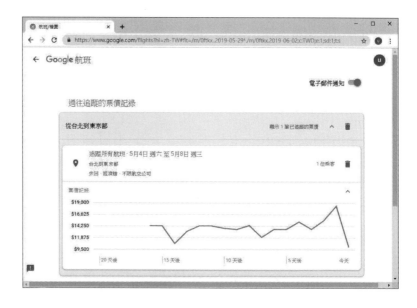

14 Google幫你記住停車位置

每天停車時，有時候不是停在固定的地方，因此就會突然忘了車停哪，現在Google地圖App居然還有幫你記住車停哪裡的功能，就不會白跑一趟啦！

01 停好車以後，開啟Google地圖App，然後在所在位置的藍點上點擊一下。

02 此時會出現藍色畫面，再點擊「儲存你的停車位置」。

03 在剛剛停車的位置上會出現「你的車停在這裡」的訊息，就不會忘了停哪裡啦！

15 不出門賞遍世界美景

　　Google在全世界都會透過地圖車或背包等設備，將美景拍攝下來並結合到Google地圖中，因此我們時常可以在Google地圖上飽覽這些美麗的照片，不過在Gogole街景服務中，有一個網頁專門收集了這些景點照片，讓你可以一次欣賞到全世界的美景。

> 官方網址：https://www.google.com/streetview/gallery/　　🎤　　Google 搜尋

　　進到首頁後，可以看到有很多世界各地的名勝與景觀的照片，這些照片不僅可以360度瀏覽，有的還可以自由在照片中走動，就像是真的來到了這個地方一樣，其中當然有也有來自台灣的照片，像玉山就十分漂亮，即使沒有真的登到頂峰，也值得在照片上感受磅礴的景色。

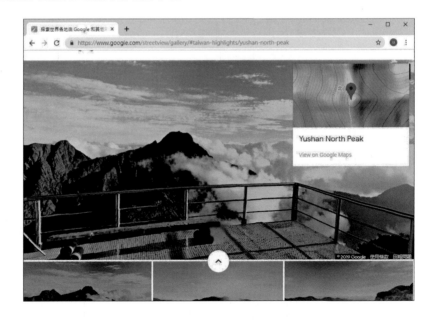

Part 03

Google瀏覽器
擴充元件應用技

Google瀏覽器安裝實戰

由於Google瀏覽器不是網路服務，因此需要安裝在電腦中，安裝的手續十分簡便，簡簡單單就能立即安裝完畢來使用。以下就跟著小編一起來安裝Google瀏覽器吧！

下載網址：http://www.google.com/intl/zh-TW/chrome/ 🎤　　Google 搜尋

01 首先連上「http://www.google.com/intl/zh-TW/chrome/」網頁，然後按一下〔下載Chrome〕來安裝。

02 接下來選擇是否把Google Chrome瀏覽器當作預設瀏覽器，以及是否將統計資料及當機報告傳送到Google，按一下左下方〔接受並安裝〕開始下載安裝檔案。

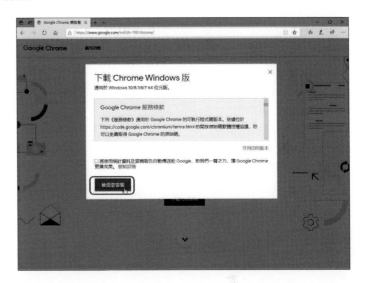

03 隨後將跳出「使用者帳戶控制」對話盒，按下〔是〕按鈕後Google就會自動下載安裝程式到電腦上並〔執行〕安裝作業。安裝完成以後，會自動開啟Google瀏覽器的視窗，馬上就可以上網囉！

02

Google瀏覽器快速上手

　　安裝完成以後，就可以開始用Google瀏覽器上網，其實Google瀏覽器與市面上其他的瀏覽器相比，並不會特別困難，反而還因為簡潔的介面，高度整合的功能而更好上手！

01 在開啟Google瀏覽器時，映入眼簾的是簡單的介面，中央有個大大的搜尋欄位，而經常連上的網站則會被記錄在首頁上，方便你一開啟瀏覽器直接點擊連上。

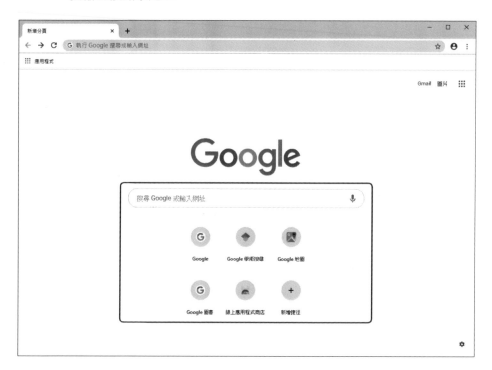

02 而我們所熟悉的網址列，在Google瀏覽器中變身為擁有多功能的「ominbox」，不僅可以輸入網址來連上網站，輸入關鍵字並按一下〔Enter〕，還可以直接在Google中搜尋，當我們在omnibox中輸入文字時，Google瀏覽器會立即給予搜尋建議，或是顯示最近曾經上過的網站讓你可以快速點擊進入。

03 在瀏覽網頁時，如果不想關閉原網頁，可以點擊活頁標籤右邊的小加號，就會開出一個新的頁面，不需要再開啟一個瀏覽器視窗。

04 按下活頁標籤上的叉叉即可關閉網頁，並跳回上一個分頁。

05 在視窗右上角有一個 ⋮ 圖示，點擊一下可以叫出選單，我們來點擊一下【設定】。

06 進入設定畫面以後，可以看到最上方有個「人員」區塊，按一下〔開啟同步處理功能〕以後，可以在不同電腦間分享由Google帳戶備份的瀏覽器設定。

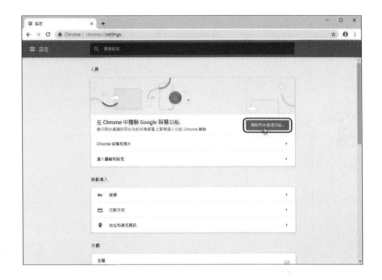

07 登入完成以後，就可以回到設定頁面繼續其他的設定囉，最底下還有一個「進階」，我們可以點開看看。

08 原來在這裡隱藏的是一些比較重要的Google瀏覽器內部設定，包括隱私權、密碼和表單、網頁內容、網路、語言、下載、HTTP/SSL、Google雲端列印、系統、重設設定等等。

09 在設定頁面左上角點擊一下 ☰ 圖示，可以叫出功能選單，再點擊「擴充功能」，就可以管理安裝到Google瀏覽器中的應用程式或是第三方元件。

03 一指開啟常用網頁

在IE瀏覽器中，假如看到喜歡的網頁想下次再瀏覽的話，可以將網站加到「我的最愛」中，Google瀏覽器也有相同的功能，稱為「書籤」，接下來我們來看看如何將網頁變成書籤吧。

01 在想加入書籤的網頁上按一下 ⋮ ，跳出選單以後再點擊【書籤】→【將這個網頁加入書籤】。

02 你可以自訂書籤名稱與儲存到哪個資料夾中，確定以後按一下〔完成〕可新增為書籤。

03 假如在上一個步驟中我們將書籤儲存到「書籤列」的話，可以按一下 ⋮ →【書籤】→【顯示書籤列】，就會在omnibox下方出現一個工具列，你可以將常用網站加入書籤列中，在平時瀏覽時只要點擊一下按鈕即可連上該網站。

04 開啟不留痕上網模式

不管是用何種瀏覽器,為了瀏覽網頁時的方便性,幾乎都會記錄cookie以及你瀏覽了哪些網頁、搜尋了哪些關鍵字,不過裡頭有時會有一些敏感訊息,例如個人資料、信用卡資訊,或是不想讓人知道的謎站等等,再也別擔心你的資訊被其他人看光光,你可以開啟Google瀏覽器內建的隱私模式,讓你在瀏覽器上看過及輸入過的資訊通通不見光!

01 首先將所有Google瀏覽器視窗關閉,然後在桌面的 圖示上點擊一下滑鼠右鍵,跳出選單以後點擊【內容】。

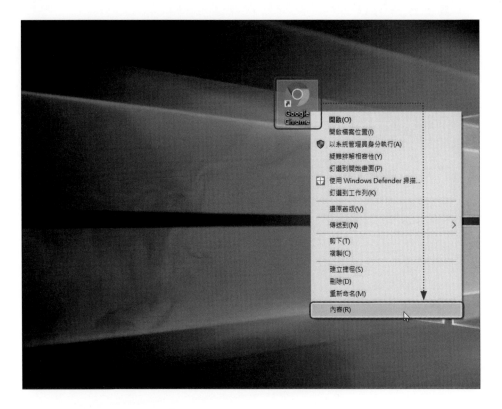

02 跳出「內容」對話盒以後，在「目標」欄位最後面加上「--incognito」，記得要跟前面的「……chrome.exe"」之間空一個空格喔！

> **!** 可能會出現「您必須提供系統管理員權限，才能變更這些設定」的警告視窗，直接按下〔繼續〕按鈕即可。

03 再次開啟Google瀏覽器以後，會出現「您已啟用無痕模式」的提示，左上角也會出現一個類似戴墨鏡偵探的圖示，在啟用此模式的情況下，你的搜尋記錄、瀏覽記錄及cookie都不會被記錄，確保個人隱私及安全，不過下載回來的檔案跟建立的書籤一樣會被保留，不需擔心遺失喔！

05 外文網站自動幫你翻譯

使用Google瀏覽器的好處,就是會與Google提供的服務有更完美的整合,例如Google強大的翻譯功能就能自動在瀏覽器中使用,不必另外開啟翻譯網頁,讓你可以用本國文字閱讀外文網頁,減少語言不通的隔閡。

01 例如我們在觀看外文網頁時,會自動跳出對話盒詢問你是否要翻譯此網頁。

02 雖然說Google的翻譯現在還不完美，不過至少可以看得懂關鍵字，對於文字的理解也大有幫助。

03 如果閱讀外文沒有問題，也不想每次上國外網站就被詢問一次的話，可以到設定畫面中點擊「進階」，然後在展開的頁面中取消勾選「詢問是否將網頁翻譯成你慣用的語言」。

網頁看到哪幫你翻到哪

還記得以前要在電腦上遇到看不懂的外文單字時，除了翻字典外，最好用的就是使用類似「譯典通」這類的即時翻譯軟體了。這些軟體操作相當方便，只要把游標指在文字上，就會跳出翻譯內容。現在在Google瀏覽器中，也有這麼方便的擴充功能套件了，而且還是官方出品的呢！

下載網址：https://tinyurl.com/9b6f36r 🎤 | Google 搜尋

01 開啟Google瀏覽器，連至「https://tinyurl.com/9b6f36r」，然後點擊頁面右上角的〔加到CHROME〕，安裝「Google Dictionary」擴充功能套件。

02 安裝完成以後，可以點擊圖示叫出選單，點擊「Extension Options」
來設定。

03 接著在「Pop-up definitions」中，勾選要選取文字的方式，以及是否
需輔助鍵，完成後按一下最下方的〔Save〕。

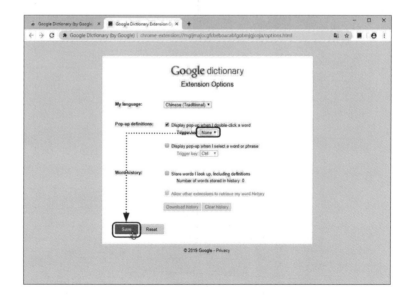

04 當我們瀏覽非中文網頁時，只要依上述設定方式點擊要翻譯的文字或詞句，即會跳出氣泡欄位，並顯示翻譯的中文。

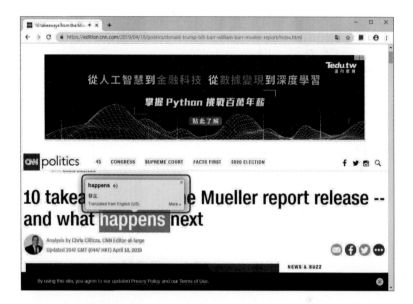

05 另外，點擊右上角擴充功能列中的圖示，也可以在空白欄位中輸入要查詢的單字，然後按下〔Define〕，即會出現翻譯的內容。

❼ 七合一核心的雲端辭典

　　Google雖然提供了翻譯的線上服務，但只要翻譯整篇文章時就可以發現語句十分不通順，為了避免被誤導，還是多查幾本字典比較實在。當然，如果要一個一個線上翻譯網站都連上去一次，再逐一輸入要查詢的字就太沒效率了。這個時候，我們可以利用「TJDict」這個擴充功能套件，一次幫我們查詢「Yahoo字典」、「Urban Dictionary」、「江戶小D」等七個線上翻譯網站哦！

> 下載網址：https://tinyurl.com/y2qvanfu 🎤 　　Google 搜尋

 開啟Google Chrome後，連至「https://tinyurl.com/y2qvanfu」，點選頁面右上角的〔加到CHROME〕，接著會出現確認視窗，按一下其中的〔新增擴充功能〕。

02 點擊右上角的「TJDict」圖示，就會在新分頁中開啟設定頁面，我們可以設定各項操作方式，並拖曳調整支援的字典網站。

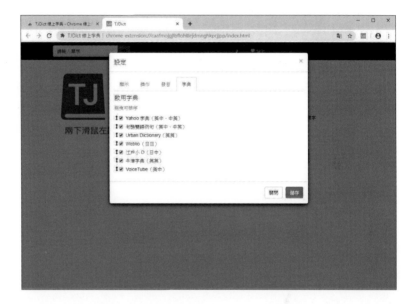

03 往後在閱讀網站內容時，雙擊不懂的單字，立刻會跳出一個對話盒顯示這個字的內容，往下拉動可以看到不同網站的不同內容。

08 沒看完的網頁，下次再看

　　有時我們在網路上看到精彩的文章，經常會看到一半就會被其他事打斷，如果不小心把網頁關掉，往往都要再費好大一番功夫，才能再找到剛才的位置繼續閱讀下去。「YouRhere」是一個相當好用的書籤套件，不但能快速找回剛剛的網頁，還可以標記看到哪裡哦！

> 下載網址：https://tinyurl.com/y22yyxbo 🎤　　　Google 搜尋

01 開啟Google瀏覽器，連至「https://tinyurl.com/y22yyxbo」後，點選右上角的〔加到CHROME〕，安裝「youRhere」。

02 安裝完成後，在右上角的擴充功能列會出現 ▶ ，接著開啟任一網頁，可以發現瀏覽時omnibox左側也會出現 ▶ 的圖示。當我們閱讀到一半想暫時離開網頁時，只要在文字上按滑鼠左鍵兩下，就可以直接將瀏覽器關閉。

03 而點選擴充功能列的 ▶ 圖示，會跳出「YouRhere Marks」對話盒，並列出之前標記過的網頁，只要點選任一筆資料，即可跳至當時閱讀到一半的位置。

09 定時釋放佔用的記憶體

　　Google Chrome開啟分頁的瀏覽方式固然方便，但是當我們瀏覽到有趣的內容時，經常會一個不小心就開了一大堆的分頁，而讓整個瀏覽速度愈變愈慢。這是因為網頁一旦開啟，就會佔據記憶體，拖累瀏覽效率。這時候我們就需要安裝「TabMemFree」，定時幫我們釋放閒置的分頁。

> 下載網址：https://tinyurl.com/bo6a9nk　　　🎤　　[Google 搜尋]

01 開啟Google Chrome後，連至「https://tinyurl.com/bo6a9nk」，點選頁面右上角的〔加到CHROME〕，下載並安裝「TabMemFree」擴充功能。

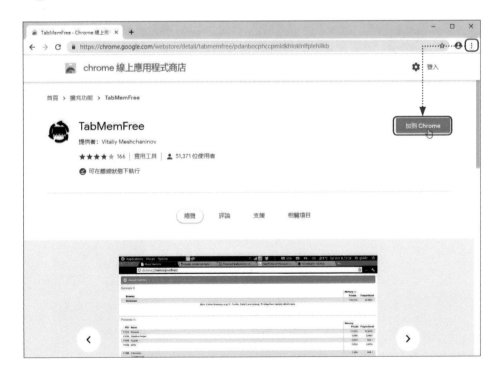

02 安裝完成後,在擴充功能列的 🐵 圖示上按滑鼠右鍵,從快速選單中點擊【選項】。

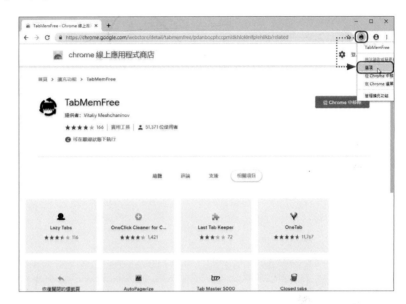

03 此時會進入「TabMemFree」的設定頁面,在「Tab timeout」設定閒置多久要釋放,然後在「Check period」設定檢查的間隔時間。最後在「Pinned」可以選擇是否排除固定分頁。

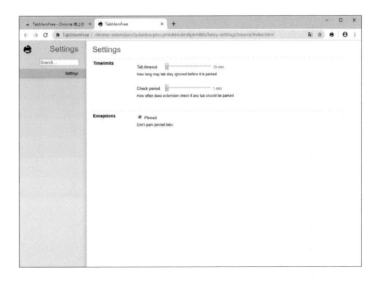

04 完成設定後，回到瀏覽器，繼續我們不斷開啟新分頁的壞習慣，多開的網頁會在一段時間後自動在記憶體中被移除。

05 當我們切換到這些閒置網頁時，會看到網頁只剩下「Go back」的畫面，不過馬上就會還原回該分頁原本的內容。

⑩ 挖出影音、網頁暫存檔案

　　為了加快速度，在瀏覽網頁時，瀏覽器都會默默地把大部分網頁內容、圖片、影片、音樂等元件暫存在硬碟中。在IE中我們可以輕易檢視暫存檔內容，但在Google Chrome中似乎都沒那麼簡單了。這時我們可以藉「ChromeCacheView」這個好用的小工具，把那些暫存在電腦裡的檔案「挖」出來用。

> 下載網址：https://tinyurl.com/6y83cd Google 搜尋

01 開啟瀏覽器，連至「https://tinyurl.com/6y83cd」，將網頁拉到底部後，找到「Download ChromeCacheView」後，點擊下載「chromecacheview.zip」。解開壓縮檔後，執行其中的「ChromeCacheView.exe」，不需安裝即可開啟「ChromeCacheView」這個小程式。

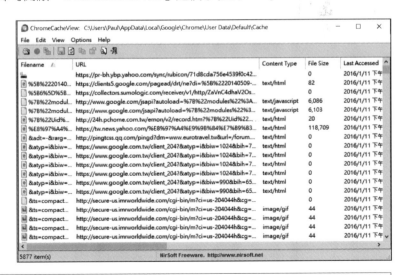

 如果需要中文版本，可以下載「https://tinyurl.com/y26kepgm」，將解壓縮後的檔案跟「ChromeCacheView」放在同一個資料夾即可。

02 在「ChromeCacheView」中列出了Google Chrome暫存檔的所有內容，可以點選功能表的【選項】，從下拉選單中自行勾選要顯示的檔案類型。

03 點擊「選項」→【雙按動作（Double-Click Action）】→【開啟選定暫存檔（Open Selected Cache File）】，當我們在某個檔案上按滑鼠左鍵兩下時，可以直接以對應的軟體開啟該檔案。

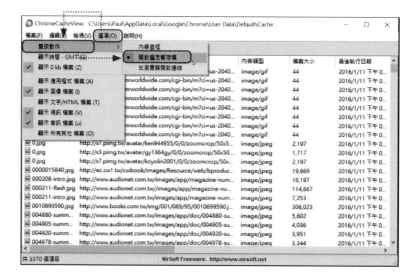

04 如果想把暫存檔另存到別的地方,點擊功能表上的【檔案】→【複製所選的暫存檔案到】,或直接按一下鍵盤上的〔F4〕。

05 此時會開啟「複製指定檔案到」對話盒,指定要存檔的資料夾後按下〔確定〕,即可將暫存檔內容複製出來。

11 免安裝帶著走的雲端輸入法

　　或許大家對於使用Windows或Mac系統中的輸入法已經習以為常了，但是當你有一天身在國外需要使用電腦，或是臨時要用公用電腦時，不見得每台電腦都能找得到你要的輸入法。這個時候，就可以運用雲端輸入工具，免安裝輸入法也能輕鬆打字。

> 下載網址：https://tinyurl.com/lp822xa 🎤 　Google 搜尋

01 開啟Google Chrome後，連至「https://tinyurl.com/lp822xa」，點選頁面右上角的〔加到CHROME〕，下載並安裝「Google輸入工具」擴充功能。

02 安裝完成後，會在擴充功能列上出現 🖼 圖示。點擊該圖示會跳出選單，如果想新增輸入法，就點選【擴充功能選項】。

03 接著在「Chrome擴充功能選項」頁面中，即可從左側的「新增輸入工具」列表中，點擊我們要新增的輸入法，然後按下中間的向右箭頭符號即可新增，向左即可移除。

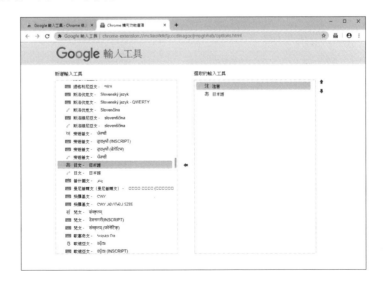

04 完成後再次點選擴充功能列上的 圖示，即會出現剛才新增的輸入法。

05 如此一來，不必安裝，就能直接在Google Chrome中使用我們喜歡的輸入法了。

在網頁中快速插入常用字詞

網站上經常需要重複輸入地址、電話、Email或其他問候語時，是不是覺得每次都得重複輸入相同的內容覺得很無奈呢？如果你是Google瀏覽器的愛用者，不妨安裝這款「Insert Text」擴充功能套件，可以幫我們快速插入常用的文字哦！

下載網址：https://tinyurl.com/obq6zcx   🎤   Google 搜尋

01 開啟Google瀏覽器，連至「https://tinyurl.com/obq6zcx」，然後點選頁面右上角的〔加到CHROME〕，安裝「Insert Text」擴充功能套件。安裝完成後，點擊右上方擴充功能列中的 📝 圖示，開啟「Insert Text」設定頁面。

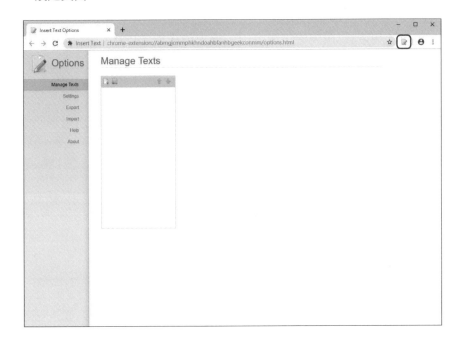

02 在頁面左側先點選「Manage Texts」，接著點選右側窗格的〔New Text〕按鈕。在右側輸入經常填入的內容文字及標題，完成後按下〔Save〕。

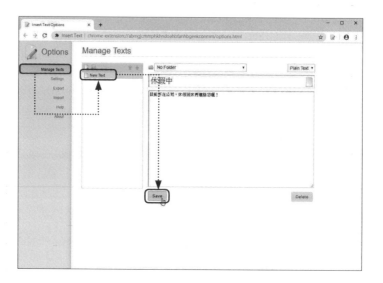

03 日後在網頁任何地方輸入文字，遇到我們設定過的文字內容時，即可點選滑鼠右鍵，並從快速選單中點擊【Insert Text】，然後從子選單中選擇文字內容即可快速插入文字了。

13 自訂封鎖哪些不良網站

　　網路上的色情與暴力層出不窮，固然現在有「色情守門員」等網路服務，可以協助我們防堵一些不良網站，但網路世界實在防不勝防，如果可以配合自訂封鎖網站，就多了一層防護，來瞧瞧在Google Chrome中如何自訂封鎖網站吧！

下載網址：https://tinyurl.com/ycsebsaq 🎤 　　Google 搜尋

01 開啟Google Chrome後，連至「https://tinyurl.com/ycsebsaq」，點擊頁面右上角的〔加到CHROME〕，下載並安裝「Block site」擴充功能。

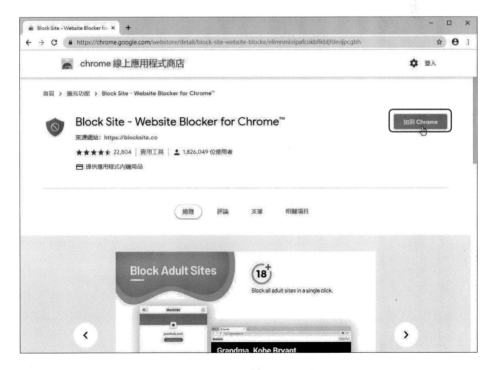

02 安裝完成後，會跳至歡迎頁面，按下〔同意〕就會進入設定畫面囉。

03 此時會開啟「Block site」的設定頁面，在中間的欄位輸入要封鎖的網址後，按下 ⊕ 圖示來新增。

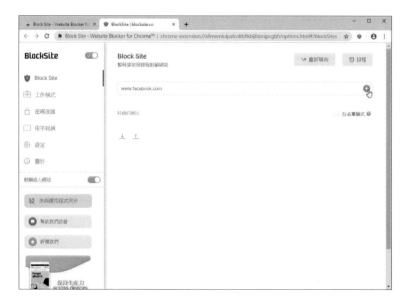

04 除了阻擋個別網站外，也能設定將清單中的網站導向到特定的網站內容，按一下「重新導向」來設定。

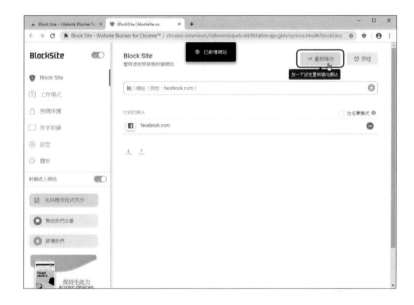

05 在欄位中輸入網址再按下〔好的〕，就可以將其他網站都導向到此，例如我們開啟Facebook，出現的卻是Google首頁。

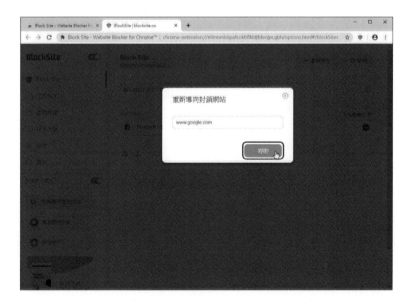

14 破解滑鼠右鍵鎖定網頁

　　不少網頁為了避免被網友複製內容，設定了鎖住右鍵的功能，讓別人無法選取網頁文字。我們可以透過像「Allow Copy」這種擴充套件，就能不費吹灰之力，破解鎖住右鍵的限制哦！當然，該尊重的智慧財產權還是要尊重，可別隨便把別人的網頁內容複製變成自己的哦！

下載網址：https://tinyurl.com/ks3nsl5 　🎤　Google 搜尋

01 開啟Google Chrome瀏覽器，上網連至「https://tinyurl.com/ks3nsl5」，點選畫面右上方的〔加到CHROME〕，安裝「Enable Copy」擴充功能套件。

02 「Enable Copy」的使用方法很簡單，在瀏覽網頁時如果發現無法複製內容的話，點擊一下omnibox旁邊的灰色勾勾圖示。

03 等到勾勾變成黑色的時候，就可以對網頁按下滑鼠操作，任意複製內容囉！

15 幫你自動填入個人資訊

如果你一天到晚在網路上購物，或喜歡加入各網站會員，一定會經常面臨到要填姓名、地址、電話、Email、信用卡號等一堆基本資料。雖然輸入的都是自己的資料，但是打太多遍也是會煩。其實Google Chrome有一項貼心的功能，可以幫我們自動填入這些個資，就不必每次都要重打一遍囉！

官方網址：chrome://settings/autofill 🎤 Google 搜尋

01 開啟Google瀏覽器，在網址列中輸入「chrome://settings/autofill」。

02 按下〔Enter〕鍵後，會出現設定頁面，我們需要的是「自動填入」區塊的部份，先點擊其中的〔密碼〕吧。

03 在「密碼」頁面，可以管理使用過並記錄下來的密碼，如果怕這些密碼容易忘記，甚至還可以匯出，不過匯出的檔案請小心保管勿外流。

04 接下來回到設定畫面，這次我們點擊「付款方式」來管理常用的購物付款工具。

05 在「付款方式」頁面中，可以看到存在Chrome瀏覽器的信用卡帳戶，不僅可以新增，也可以按一下卡號右側的 ⋮ 來管理刪除，再按一下〔←〕回上一頁吧。

06 常常需要填寫地址電話等個人資料，因此我們也可以來「地址和其他資訊」新增常用地址。

07 我們一樣也可以在這個管理畫面中新增及移除地址項目，往後填寫個人資訊時會自動從這裡載入，就不用多打字囉！

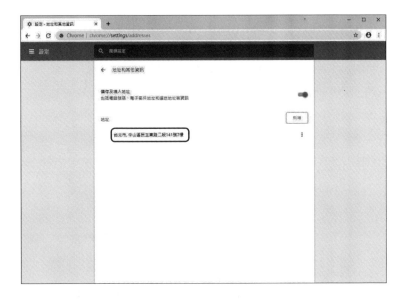

16 關閉網頁中的背景音樂

　　現在有越來越多的網路影音廣告，這些突如其來的廣告，也經常造成瀏覽的困擾，尤其當開啟很多分頁時，更是魔音穿腦。其實Google Chrome瀏覽器中有一項功能，可以讓我們快速關閉網頁中的音效，快來瞧一瞧吧！

01 當頁面有聲音效果時，在活頁標籤上按滑鼠右鍵，從快速選單中點選【關閉網站音訊】，即可關閉該分頁的聲音。

02 另外也可以直接按下喇叭符號，就能快速關閉該分頁的聲音。

03 想把聲音找回來的方式則是從活頁標籤的快速選單中點擊【開啟網站音訊】，或是再按一下活頁標籤上的喇叭圖示來恢復該分頁的聲音。

17 找回Google圖片「以圖搜圖」功能

Google圖片原本有一個非常好用的功能，叫做「以圖搜圖」，他能夠用搜尋到的圖片繼續延伸找出更大尺寸或是相似的圖片，但因為版權關係所以Google拿掉了，因此我們可以用「View Image」這個Chrome瀏覽器的擴充功能來補回。

官方網址：https://tinyurl.com/y74g4f27 　　　Google 搜尋

　現在在Google搜尋圖片時，已經沒有「以圖搜尋」功能了。

02 連上「View Image（https://tinyurl.com/y74g4f27）」頁面以後，點擊〔加到Chrome〕按鈕安裝。

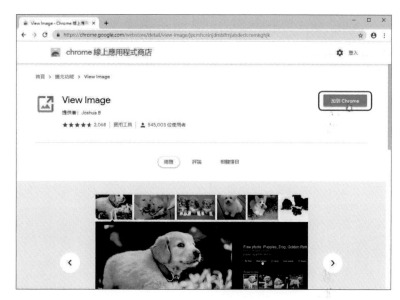

03 安裝完成以後，不需任何設定，在Google圖片搜尋結果頁中，就會再度出現「以圖搜圖」功能喲！

自訂Google個人化廣告

　　雖然說Google會由你平常上網瀏覽的內容來自訂化推送的廣告內容，但是有時候卻會發現常常收到莫名其妙的廣告，這時我們可以自行修正Google廣告的類型，讓不適合的廣告從此消失。

> 下載網址：https://tinyurl.com/y8z3cp7a　🎤　　Google 搜尋

01 連上Google設定畫面以後，向下拉動可以看到你目前在Google帳戶中與廣告有關的分類，點進想要停用的分類即可。

02 例如我們想將「禮品與特殊活動用品」項目停用，以免看到相關的廣告，點擊「停用」即可。

03 停用的項目會出現在「關閉的項目」區塊中，以後就不會在廣告中看到相關的類型囉！

19 檢查網站帳密是否外流

時常聽說有些網站出現了大規模的密碼外洩情形，要怎麼才能知道自己的密碼安不安全呢？Google推出了實用的「Password Checkup」小工具，可以在你上網時自動幫你檢查密碼，如果有外洩的疑慮時，還會提醒你要更換密碼。

下載網址：https://tinyurl.com/y86bak46   🎤   Google 搜尋

01 連上Password Checkup官網以後，點擊〔加到Chrome〕安裝。

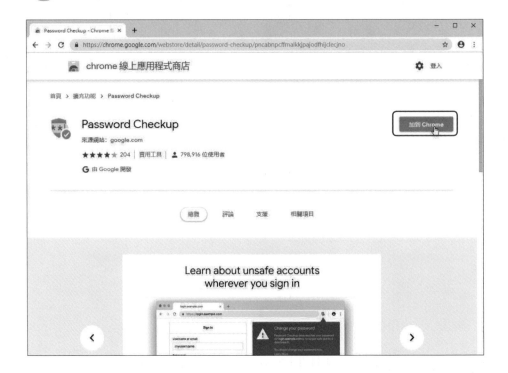

02 在上網時，Password Checkup就會在背景中幫你檢查密碼是否有外洩的可能，如果沒有的話就會顯示綠色的盾牌圖示，反之則是紅色。

03 雖然Google的資料安全性可受信賴，但如果你擔心在檢查時儲存的密碼安全的話，可定期點擊 圖示→「進階設定」→「清除擴充功能資料」來刪除。

20 清除Google保留的隱私紀錄

在使用Google的各項服務時，其實Google都會在背景記錄使用者的各項操作，例如去過哪，搜尋過什麼……等，因此如果你不想被發現隱私的話，不坊定期清除這些資料吧！

下載網址：https://tinyurl.com/yacs6lux　　　🎤　　　Google 搜尋

01 連上Google帳戶網頁以後，在「活動控制項」底下點擊「管理活動」。

02 找到Google紀錄的各項活動以後,可以在日期旁點擊 ⋮ 一次刪除,也可以進到各子項目中一一刪除。

03 回到上一頁後,點擊「顯示所有活動控制項」,可以看到除了可以刪除瀏覽記錄外,還可以清除定位記錄。

04 在定位記錄網頁中，點擊垃圾筒圖示，即可一次刪除所有定位記錄（無法個別刪除）。

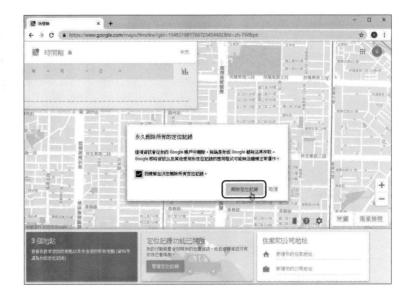

05 除此之外，裝置資訊、語音和音訊活動、YouTube 搜尋記錄、YouTube 觀看記錄等，也都可以刪除或是關閉喔！

21 管理用Google註冊的網站帳戶

自從有些網站導入了用Google或是Facebook登入的技術以後，就常常會懶得註冊網站帳戶，直接用Google登入，但是時間一久，有的網站或軟體根本很少使用了，卻還是有Google帳戶的存取權，快來終結這個可怕的狀況吧！別讓快速登入的美意成為帳號外洩的惡夢。

下載網址：https://myaccount.google.com/　　　🎤　　　Google 搜尋

01 登入Google帳戶網頁以後，先點擊左側選單的「安全性」進入。可以看到右窗格中出現了一些區塊，再點擊「管理存取權」。

02 此時就可以看到「具有您帳戶存取權的應用程式」網頁中，列出了使用Google帳戶登入的網站，點擊想刪除權限的項目吧！

03 很簡單地，點擊大大的〔移除存取權〕按鈕，馬上就能清除此帳戶的登入囉！

22 備份Google瀏覽器中的帳號密碼

備份儲存在Google瀏覽器中的帳號密碼超簡單，只要輕鬆匯出就可以囉！Chrome瀏覽器會將密碼儲存成csv檔案，用Excel開啟即可編輯。

網址：chrome://settings/passwords　　　🎤　　Google 搜尋

在Google瀏覽器中的omnibox網址列輸入「chrome://settings/passwords」，即可連到設定頁面的密碼部份，點擊「已儲存的密碼」右方的 ⋮ 按鈕，就可以選擇「匯出密碼」囉！

㉓ 超完整備份Google帳戶

你有備份過你的Google帳戶嗎？長期使用Google服務後想必會留下很多資訊與檔案，如果想留做紀念的話不就得從一個一個服務中儲存嗎？其實你可以利用內建的Google帳戶打包服務，將所有個人檔案通通帶回家！

下載網址：https://tinyurl.com/hjs6x9u   🎙️   Google 搜尋

01 連上「https://tinyurl.com/hjs6x9u」進入「資料工具」頁面以後，先將頁面往下拉。

 勾選你要備份匯出的資料後，按一下〔下一步〕。

03 在選擇完畢要納入的資料後，接下來設定傳送方式、檔案類型與封存
檔案大小，按下〔建立封存檔案〕。

接下來Google會開始封裝你所要求的檔案，等到封裝完成後會寄電子郵件通知你。

 等到收到電子郵件通知後，點擊信件中的連結前往載點下載，即可將Google帳號服務。中的所有內容打包回家囉！

Part 04

Google雲端硬碟
與文件應用技

01 上傳檔案到Google Drive中

與大部分雲端硬碟一樣，Google Drive也有網頁介面可以讓你線上管理，而且Google的網頁介面也十分簡約好用，上傳檔案很人性化喔！

官方網址：https://drive.google.com   🎤   Google 搜尋

01 登入Google雲端硬碟以後，可以看到目前保存在Google Drive中的檔案，如果要新增資料夾的話，請按一下〔新增〕→〔資料夾〕。

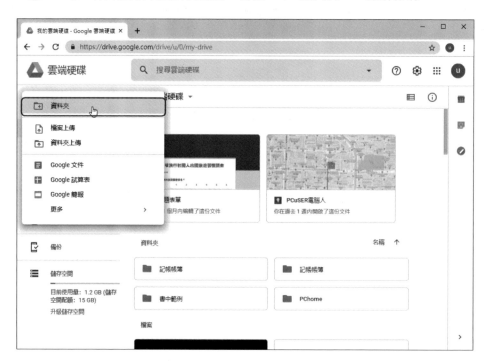

02 在建立資料夾的時候，輸入資料夾名稱再按一下〔建立〕按鈕即可。

03 資料夾建立完成以後，如果要將電腦中的檔案上傳到Google Drive中，可以依序點擊〔新增〕→〔檔案上傳〕，選擇上傳單獨檔案或是整個資料夾，當然也可以用拖曳的方式，從檔案總管拉進此頁面喔！

02 手機隨時同步雲端硬碟

使用雲端硬碟的好處，就是當你將檔案上傳到雲端以後，所有的電腦，當然也包括手機，都能輕鬆存取，因此你可以在手機上安裝這個官方App，走到哪都能夠與PC同步檔案喔！

01 大多數的手機都會內建Google雲端硬碟的App，因此只要開啟Play商店更新此App到最新版本即可。

02 開啟雲端硬碟App以後，可以看到檔案清單，同時也可以按一下右下角的 ⊕ 來新增資料夾與檔案喔！

03 在上個步驟中按一下 ⊕ 以後，就會在底下跳出「新增」清單讓你可以上傳檔案囉！

04 想上傳檔案也不用非得開啟雲端硬碟才能上傳，在手機的相簿或檔案管理器內，也可以透過分享的方式上傳到Google Drive中。

05 在雲端硬碟的App中，點擊左上方的 ☰ →【設定】，即可進入設定畫面調整相關項目喔。

03 在電腦間輕鬆同步檔案

　　由於雲端硬碟很大的用途是作為同步不同電腦間的檔案，因此需要安裝專屬的軟體在電腦上，才能發揮同步的功能，在Google雲端硬碟中安裝工具軟體到PC的步驟十分簡便，趕緊來安裝試試吧！

01 在Google Drive頁面中，點擊一下「取得Backup and Sync Windows 版」。

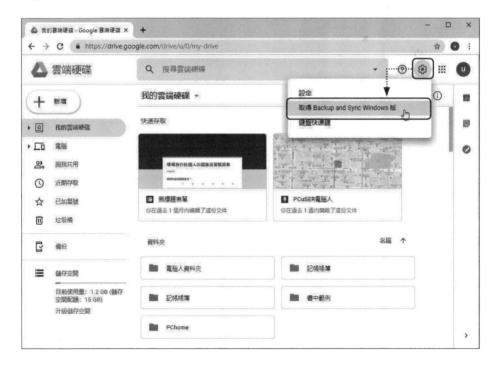

接下來會進入一個新網頁，按一下〔下載〕按鈕開始下載。

 將檔案下載回來之後，執行這個安裝檔案，就會自動安裝。安裝完成後，會出現一個告知訊息，按一下〔關閉〕即可離開。

04 接著會跳出Google雲端硬碟第一次設定的畫面，按一下〔開始使用〕按鈕。

05 此時要先登入Google帳戶，登入成功以後，點擊桌面右下角通知區域上的 ▲ 圖示，就可以像Dropbox那樣開啟電腦中的資料夾。

04 在雲端硬碟中編輯文書檔案

Google Drive不僅可以直接上傳檔案，還支援直接在Google Drive中新增文件，常用的Office檔案都能直接建立，對於需要直接在雲端編輯文件的讀者來說更加方便囉！

01 按一下〔新增〕以後，在清單中選擇想建立的文件格式，例如小編選擇【Google簡報】。

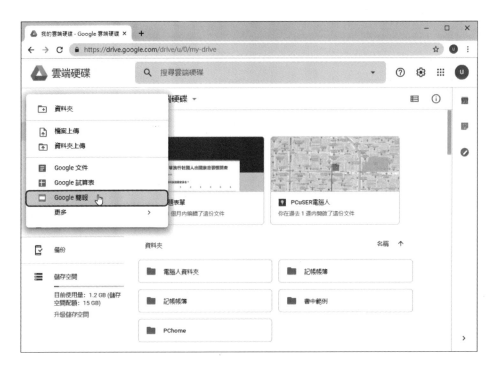

02 隨即出現一個「無標題簡報」頁面，在右側「主題」窗格內點選一個你喜歡的主題。

03 在載入主題以後，可以看到編輯畫面十分神似PowerPoint，同樣的在編輯過程也十分簡易，最棒的是所有格式都會自動存檔，不需費心萬一斷電的話，編輯中的文件會不會遺失。

05 Office文件雲端直轉PDF

儘管Office 2007之後的版本，都能直接在Word 、Excel或PowerPoint中將文件檔另存成PDF檔，還是有不少人仍然在使用Office 2003以下的版本。這時候如果想把文件轉換成PDF檔，又不想安裝其他轉檔軟體的話，可以考慮透過Google雲端硬碟來幫忙。

01 開啟瀏覽器後，連至Google雲端硬碟「http://drive.google.com」，登入帳號、密碼後，點選頁面左上方的〔新增〕圖示按鈕，並從下拉選單中選取【檔案上傳】。

02 選取要轉成PDF檔的文件後，然後按下〔開啟〕。然後等待檔案上傳即可，在畫面右下角會標示目前進度。

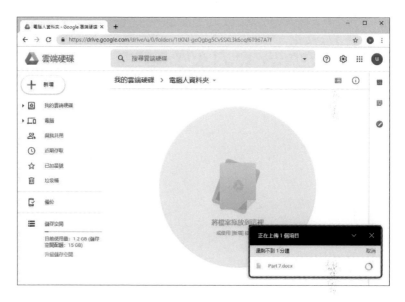

03 文件上傳完成後，進入「Google雲端硬碟」，在該文件上按一下滑鼠右鍵，然後依序點選【選擇開啟工具】→【Google文件】。

文件開啟後，依序點選〔檔案〕→【下載格式】→【PDF文件(.pdf)】。

 接著即可將文件下載成PDF檔囉！

06 在Google雲端硬碟新增小工具

　　Google Drive與其他雲端硬碟最大的不同點就在於它不只能用來儲存檔案，還能線上編輯各種文件，隨著安裝更多的應用程式小工具，Google Drive的功能就更加強大囉！

01 在Google Drive的網頁介面上按一下〔新增〕以後，跳出選單按一下最下方的【連結更多應用程式】。

02 此時會跳出所有應用程式，點擊你喜歡的服務來安裝吧！

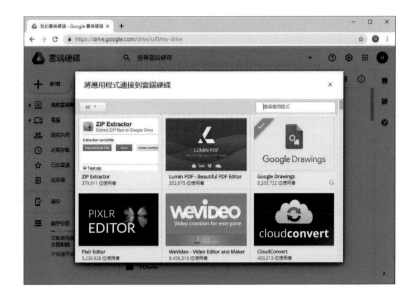

03 點擊服務圖示以後再按一下〔+連接〕即可安裝到Google Drive中。

04 安裝完成以後，會跳出「已將xxxxxx連接到Google雲端硬碟」的提示訊息，勾選「設為開啟所有可支援檔案的預設應用程式」，即可處理相關的檔案格式，按一下〔確定〕按鈕。

05 往後從網頁版Google Drive進入後，可以在檔案名稱上按一下滑鼠右鍵，並在【選擇開啟工具】選單中選擇你想使用的工具來開啟。

第一次開啟檔案時，會要求權限，按一下〔允許〕即可。

07 以剛剛安裝的修圖工具為例，就可以拿來簡單的修改圖片用，但有些進階功能仍然得付費購買才能使用。

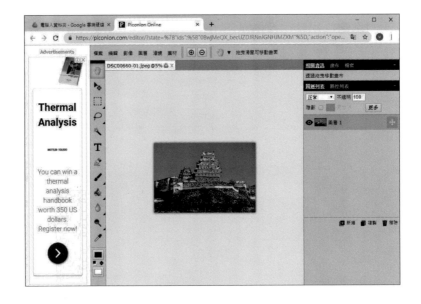

07 Gmail附件直接收藏到雲端

Email附件最讓人擔心的，就是下載附件後才發現因為檔案格式的關係，在電腦中根本打不開。Google永遠就是那麼貼心，現在Gmail不但可以直接預覽附件檔的內容，還可以直接儲存到Google雲端硬碟中，超級方便的啦！

官方網址：http://mail.google.com   🎤   Google 搜尋

01 開啟瀏覽器後，連至Gmail「http://mail.google.com」，登入帳戶後開啟任何一封有附件夾檔的信件。

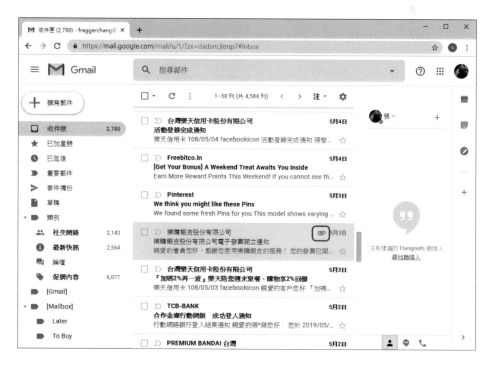

02 將滑鼠游標移到信件附件右上方點擊  圖示，即可將附件儲存到 Google雲端硬碟中。

03 跳出「已新增至我的雲端硬碟」訊息以後，就可以到Google Drive中查 看Gmail的附件囉！

08 在Google雲端硬碟新增小工具

Google文件可以在線上直接編輯，是不是覺得很方便呢？可是很多文件需要套用範本來製作，才比較省時間，像Office就內建很多範本啊！還好Google雲端硬碟也可以利用外掛程式，讓你可以套用超多類型的範本。

01 開啟任一Google文件格式後，點擊上方的「外掛程式」→「取得外掛程式」。

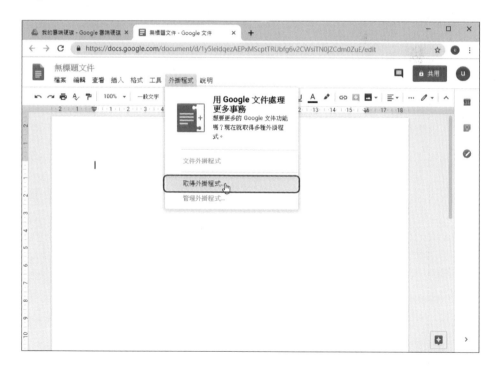

02 在搜尋欄位中輸入「vertex42」來搜尋，找到後點擊一下「+免費」來安裝。

03 安裝完成以後，要怎麼叫出這些範本呢？再回到編輯畫面，點擊「外掛程式」→「Template Gallery」→「Browse Templates」。

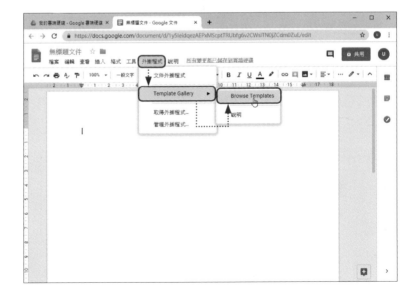

04 開啟「Vertex42 Template Gallery」頁面後，可以看到有許多分類，在範例中我們點擊「Business: Finance and Accounting」。

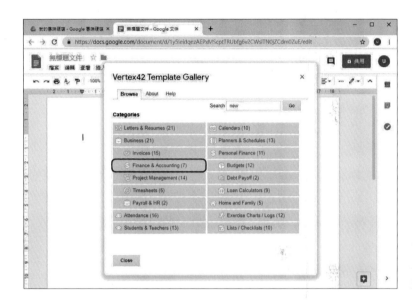

05 找到想套用的範本以後，直接點擊圖示進入簡介頁面。

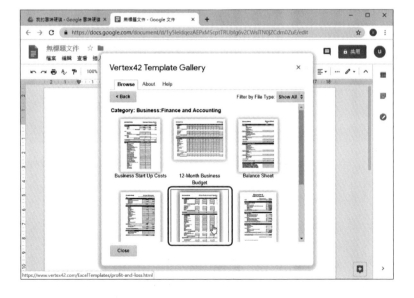

06 由於這些範本是由外部網站所提供，因此需先點擊〔Copy to Google Drive〕複製到Google雲端硬碟內，複製完成以後，按鈕文字會變為〔Open File〕，點擊它即可。

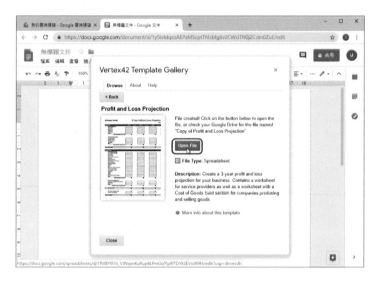

07 馬上就能使用這些設計精美的表單範本，讓主管對你的報告更加刮目相看！

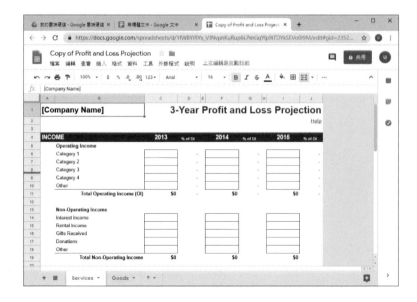

09 免開Google硬碟，一鍵新增雲端文件

　　Google文件雖然很方便，不過需要先開啟Google雲端硬碟才能新增檔案，如果你想快速新增空白文件的話，可以在網址列中輸入「通關密語」，馬上就幫你開啟新文件頁面囉！

■文件（Docs）：doc.new、docs.new、documents.new
■試算表（Sheets）：sheet.new、sheets.new、spreadsheet.new
■簡報（Slides）：slide.new、slides.new、deck.new、presentation.new
■表單（Forms）：form.new、forms.new
■網頁協作平台（Sites）：site.new、sites.new、website.new

在瀏覽器的網址列上直接輸入「檔案類型.new」，例如我們要建立docs檔案，就輸入「docs.new」，按下〔Enter〕後馬上就會出現新的文件頁面囉。

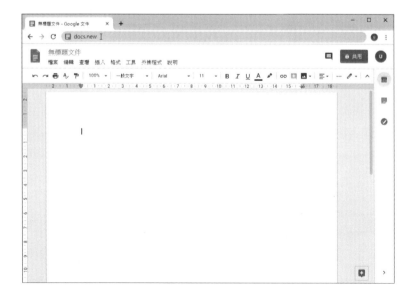

10 將Keep筆記插入Google簡報中

Keep是Google旗下一個十分好用的筆記服務，你可以在電腦與手機上隨時記錄有趣的文字與圖片，不過現在這些內容將會有更多用途囉！你可以將隨手筆記用在簡報的內容中。也就是說，平時就可以累積簡報的素材，需要用時馬上就可匯入囉！

01 Google已經將Keep筆記本的功能整合到Google文件中了，只要在簡報編輯畫面右側的工具欄上點擊一下 🗲 ，就可以載入在Keep中儲存的文件。

02 使用Keep儲存的資料十分容易，將資料從Keep拖曳到簡報上就OK囉！

03 平時就可以在電腦或手機上儲存簡報可用的素材，等到做簡報時就非常
容易。

11 增加版本名稱，新舊文件不再容易搞混

有時在編輯文件時，需要修改多個版本，但又得留存舊版的檔案，以免又要派上用場，這時候可以利用Google文件的「版本記錄」功能，讓文件的各種修改都能保留下來。

01 在正在編輯的檔案功能表上點擊「檔案」→「版本記錄」→「為目前的版本命名」，跳出「未目前的版本命名」對話盒時，輸入自訂的版本號碼，然後點擊〔儲存〕存檔。如要儲存多個版本的檔案，只要重複此步驟即可。

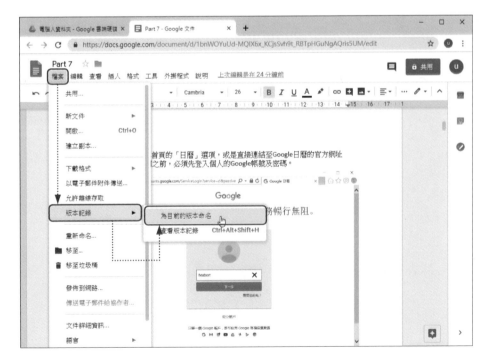

02 如果往後要查看、編輯不同版本的文件時，在功能表上點擊「檔案」
→「版本記錄」→「查看版本記錄」。

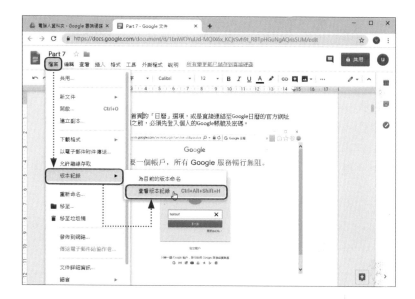

03 接著就會在畫面的右側出現目前已儲存的版本，只要點擊就能看到指定
的檔案版本囉。

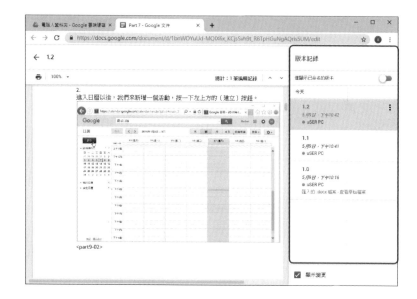

12 快速查看Google雲端硬碟使用狀態

在Google的服務中，Google雲端硬碟、Gmail、Google相簿都會用到雲端空間，要如何得知這三者的使用狀況呢？在Gmail網頁中有個功能可以一次得知這三種服務的空間配額。

官方網址：http://gmail.google.com Google 搜尋

01 首先開啟Gmail網頁，將右方郵件頁面拉到最下方，點擊「管理」。

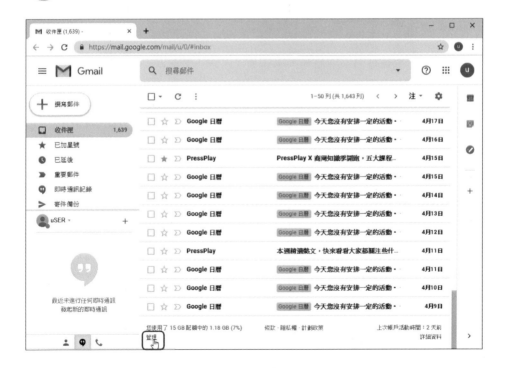

02 此時就會看到跳到一個顯示「目前的儲存空間」的網頁，就可以看到目前雲端硬碟的使用狀況囉，因為雲端空間的清理方式與電腦上的檔案不同，點擊「瞭解如何管理儲存空間」可以幫助你快速了解如何整理。

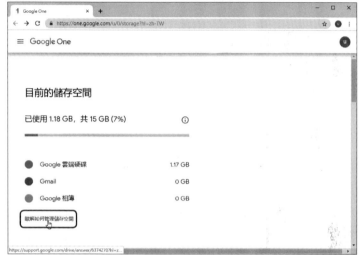

03 網頁上會告訴你哪些項目會佔空間，空間用完該怎麼辦，以及如何清理空間。

13 用Google雲端硬碟備份電腦檔案與照片

　　Google雲端硬碟的電腦版本同步軟體正式更名為「備份與同步處理」雖然功能與之前大同小異，但是也代表了我們不僅可以用它來同步Google雲端硬碟中的檔案，也能用他來備份電腦中的重要資料喔，是不是很方便呢？

01 在桌面右下角用滑鼠右鍵點擊一下 ☁ 圖示，跳出選單以後，點擊「偏好設定」。

02 在「我的電腦」中可以看到預設的狀態下已有幾個資料夾，這些事會自動備份到Google雲端硬碟的檔案，你可以按一下〔選擇資料夾〕來增加要備份的資料夾。

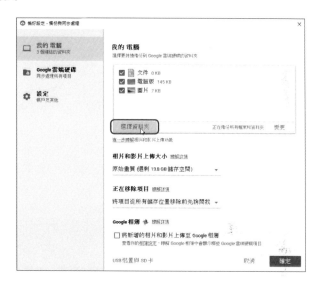

03 除了幫你備份電腦中的檔案，也可以順便備份照片，如果是選擇「高品質」讓Google壓縮一下照片的話，可以無限制的上傳備份照片喲！

14 在Google雲端硬碟中找出被刪除的檔案

　　有時候在Google雲端硬碟中，將檔案刪除以後，卻忘了刪掉過哪些檔案嗎？Google會將你在使用Google雲端硬碟的各種大小操作記錄下來，在忘記刪了哪些檔案時，不妨去看一下記錄，更清楚檔案的使用狀況喔！

在Google雲端硬碟的主畫面右上方點擊 ⓘ 圖示，就可以看到畫面右方會出現一個窗格，點選「活動」就可以看到最近刪除了哪些檔案囉。

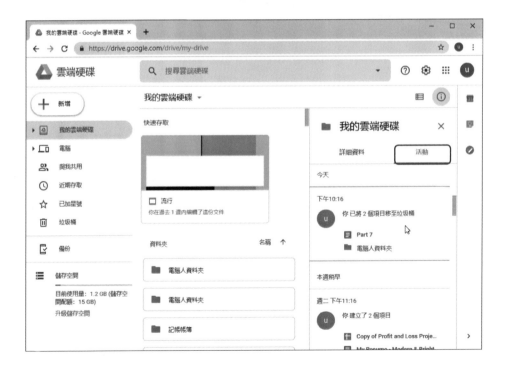

YouTube
影音製作播放技巧

01 熱門影片都在這裡

現在每天都有很多網友在YouTube上面觀賞影片，熱門的影片甚至還會上電視新聞，如果你還不知道如何看YouTube影片的話，不妨跟著小編一起來看個究竟吧！

> 官方網址：http://www.youtube.com　　　　　　🎤　　Google 搜尋

01 連上YouTube網站以後，底下有最近熱門影片的推薦，你可以直接在上方欄位中輸入關鍵字來搜尋相關影片。

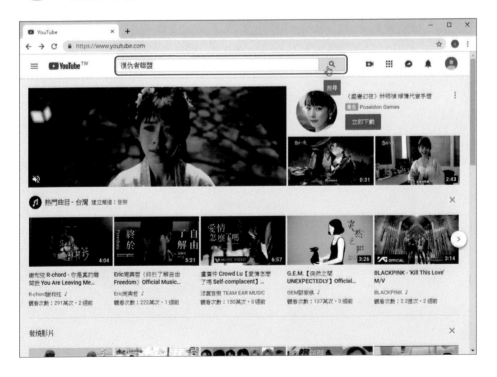

02 查詢到想看的影片以後，直接點擊標題就能進入欣賞。

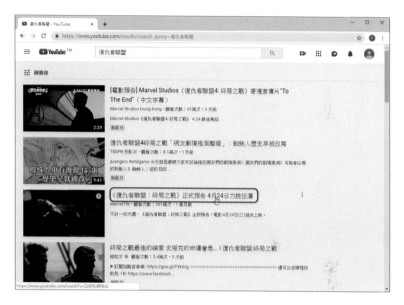

03 在點擊  後，可以選擇解析度來播放，當然數字愈大畫質也愈好，目前也已經有少數影片有4K解析度的規格，用相對應的螢幕來觀賞會更震撼喔。

04 如果不想受限在小小的播放視窗來看影片，又不想放大到全螢幕的話，可以點擊 ▭ 切換到劇院模式，在這個模式中會將原本列在右側的相關影片列表改放置到下方，讓空間變大。

05 按一下 ⬚ 則可以將影片放大到全螢幕來欣賞，而且經過一段時間後，介面還會自動隱藏喔！

06 在播放器下方，可以按一下〔訂閱〕來訂閱此作者的更新訊息，還可以點擊大拇指圖示來表達喜歡或是不喜歡此影片，有感想想抒發時也不必吝嗇，留言在空白欄位中並按一下〔留言〕就可以與來自全世界的網友一起討論分享囉！而這些功能都是要登入Google帳戶以後才能使用。

07 點擊作者名稱，可以看到更多同一作者所製作的影片，如果你喜歡此作者的話，就可以一次看個夠囉！

08 在播放器下方點擊〔分享〕活頁標籤， 可以複製並直接轉貼到 Facebook、Twitter、Blogger等常用網站上。

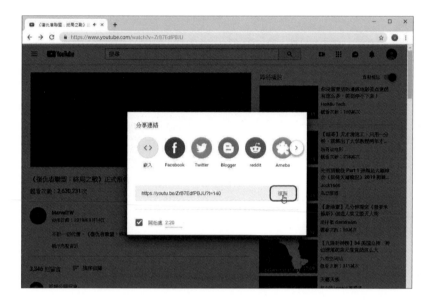

09 再點擊〔儲存〕，可以將影片加到「稍後觀看」清單（想要使用這個功能必須先登入），方便日後重複觀看。

自動播放高畫質HD影片

　　YouTube上的影片依照上傳者的原始尺寸，最大可支援到4K解析度，不過卻會因為觀賞者的網路狀況自動變更解析度，導致有時候畫面糊糊的，在全螢幕的狀態下實在是不太好看，以下的小工具可以讓你每次打開YouTube自動播放指定解析度的影片，不用每次還要手動調整。

下載網址：http://tinyurl.com/ahqnzlq 🎤	Google 搜尋

01 這個小技巧需要使用Google瀏覽器來觀賞YouTube影片，首先連上「YouTube專用效果增強精靈」的頁面，按一下〔加到CHROME〕來安裝。

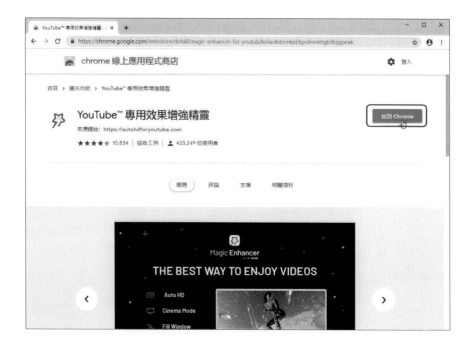

02 先隨便開啟一個YouTube影音頁面，然後在omnibox右方出現 <kbd>HD</kbd> 圖示上按一下滑鼠左鍵，此時會跳出一個選單，小編設定為【高畫質（1080）】，此外還可以設定播放器大小。

03 除了可以調整畫質以外，還能夠將主題變更為黑色，在夜晚觀賞時更不刺眼，同時也可以封鎖煩人的影片廣告喔！

03 自動重播YouTube影片

　　YouTube上有很多精彩影片可以看，有時候甚至會想看上好幾次，接下來介紹的小工具可以讓你設定要自動重播多少次，看它千遍也不厭倦喔！

01　　YouTube有重複播放的功能，可以在播放的影片畫面上點擊一下滑鼠右鍵，跳出選單後點擊「循環播放」，但是無法設定播放次數等細項，所以可以靠Chrome瀏覽器的擴充元件來強化重播功能。

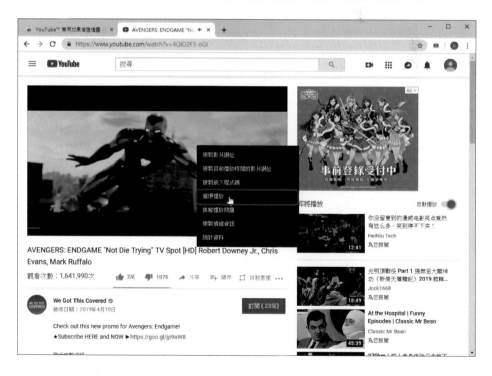

連上「Looper for YouTube」網站，按一下〔加到CHROME〕來安裝。

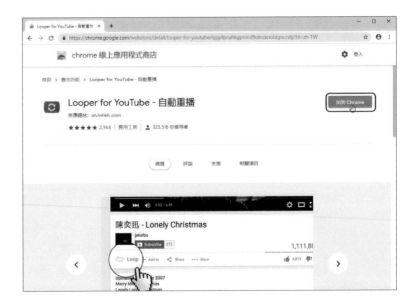

03 安裝完成以後，開啟影片底下都會多出一個「自動重播」，點擊它之後，下方會出現「自動播放＊次」與「重複播放一部份」兩個選項，數字部份皆可以依需求更改，尤其是學語文或唱歌時，重複播放某個段落也十分有用喔！

04 接下來我們點擊 ▣ →【選項】來進入Looper for YouTube的內部設定。

05 開啟設定頁面以後，就可以依照需求來設定如何重複播放影片。雖然Looper for YouTube的功能很單純，但設定卻意外的豐富，不但能夠幫你重複播放影片，還能夠自動以HD高畫質格式來播放影片呢！

04 外文看不懂？ 開啟隱藏中文字幕

　　YouTube上有為數不少的影片，很多是國外網友提供的，而這些影片有的很有意思，卻因為語言的隔閡無法盡興觀賞嗎？有的影片雖然沒有內嵌中文字幕，但是卻可以用選單叫出隱藏版字幕，下次遇到這種情形，不妨試試看這個技巧吧！

01 　　當你在看一些外國影片時，可以試試看按一下 🔲 叫出字幕。

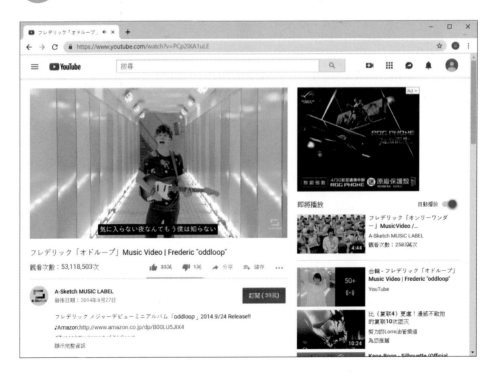

02 有的影片發布者製作了多國語言字幕讓你選擇，需要點擊 ⚙ →【字幕】才能看到喔～

03 有的字幕是內嵌在影片中（也就是壓製影片時就加入的字幕），這就無法切換關閉囉！

下載YouTube HD影片超簡單

有時候看到喜歡的YouTube影片就很想下載收藏，不妨用「4K Video Downloader」來下載吧！這個工具可以讓你抓遍YouTube上的各類影片，輕鬆收藏喜歡的高畫質影片。

> 官方網址：https://www.4kdownload.com/zh-tw/download 🎤   Google 搜尋

01 先將要下載的影片網址複製下來，我們待會會用到。

02 我們可以更改語系為中文，點擊「Preferences」。再點擊下方的「Language」選單，選擇「漢語」，最後按下「離開」並再次開啟軟體讓設定生效。

03 回到主畫面，點擊工具列上的「貼上連結」將剛剛複製的網址貼上，可以看到會跳出「下載片段」對話盒，選擇好要下載的格式後，即可下載囉！

> ! YouTube影片格式通常有MP4、FLV、MKV與3GP等，因為壓縮方式不同，同樣4K解析度也有可能MP4與MKV會有畫質上的差異，可以都下載回來比較看看，如果不想都下載回來的話，小編建議通常流量高、檔案大的影片畫質會比較好。

如果你想下載YouTube中某個播放清單的所有影片的話，只要複製其中一個影片連結並貼上，軟體會自動偵測並詢問是否要下載整個播放清單。

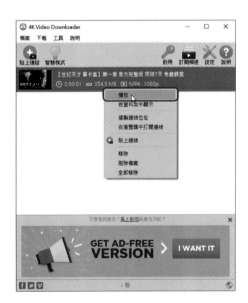

05 接下來4K Video Downloader就會幫你把影片抓回來囉！在下載完成清單上點擊滑鼠右鍵，可以選擇直接播放或是開啟下載的資料夾。

06 超密技！偷偷下載隱藏版8K影片

「4K Video Downloader」除了可下載一般解析度的影片，4K當然也沒問題，但你知道最新的8K影片一樣可用他來下載嗎？YouTube上已經開始有一些8K解析度的影片，快來試試看將他們通通下載回家「測試」吧！

官方網址：https://www.4kdownload.com/zh-tw/download 🎤 Google 搜尋

01 雖然從軟體名稱就告訴你，這個工具下載4K影片也毫無壓力，但是其實它還可以偷偷抓出被官方隱藏起來的8K解析度影片。

02 與之前的YouTube影片下載步驟完全一樣，不過因為選擇「MP4」時只能抓到最高2K解析度的影片，因此我們要將格式改為「MKV」。

03 改成「MKV」格式後，就可以抓4K以上解析度的影片，不過有些影片其實隱藏了超新的8K版本喔！只要在下載時點選檔案比較大的4K選項即可。

07

外掛字幕的影片也能輕鬆抓

很多在YouTube上播映的影片都會有中文字幕,如果是直接印在影片中的字幕,在下載時就會很輕鬆一起抓回來,而YouTube上還有一種可以選擇語言的外掛字幕,也可以利用4K Video Downloader,將字幕轉成srt等格式的字幕檔一起下載回來喲。

01 4K Video Downloader可以幫你把外掛字幕的影片下載回來,就是那種需要在YouTube播放器中按下字幕按鈕才會顯示的影片,首先一樣將網址複製下來。

02 接著按下「貼上連結」，分析完成以後也一樣要選擇影片格式與畫質，不過要多留意的是記得選擇字幕語言，例如我們要下載中文時需選擇「漢語」。

03 下載字幕時可不只下載一種語言，因此我們可以在下載時選擇多個語系的字幕檔同時下載。

 與下載一般的影片時相同，一樣等待進度條跑完後，就下載完成了，
然後就可以直接播放或是在資料夾中檢視。

05 筆者用習慣使用的播放器「POT Player（https://potplayer.daum.net/）」
來觀賞，確實可以完美地載入字幕，就不用擔心下載回來的影片沒字幕
聽不懂囉！

08 搶先體驗讓眼睛一亮的HDR影片

　　這幾年電視影音的技術日新月異，不僅畫面更大更細緻，也更清晰美麗，其中「HDR」技術改善了影片色彩不夠豐富的問題，但畢竟因為是新技術，很多軟體不支援HDR影片的下載，我們要利用「youtube-dl-gui」將影片順利的下載回來欣賞。

官方網址：https://mrs0m30n3.github.io/youtube-dl-gui/ 🎤　Google 搜尋

01 將「youtube-dl-gui」下載回來，安裝完成以後，首先我們要先將語言改為中文，先在主畫面右上角點擊齒輪圖示，然後再從跳出的選單點擊「Options」。

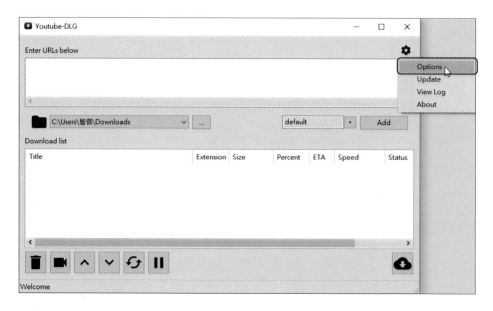

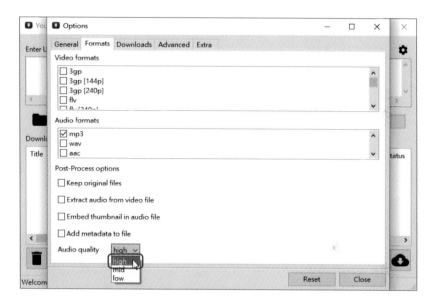

02 然後再在「Options」視窗中點擊「Format」標籤，在最下方「Audio quality」選單選擇「high」。

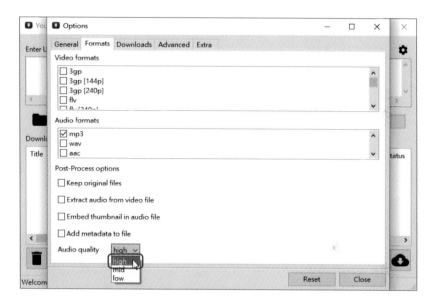

03 接著再到「Extra」活頁標籤上輸入「--write-auto-sub --sub-lang en,zh-Hans -f (337/336/bestvideo)+bestaudio」這段文字，點擊「Close」關閉視窗。

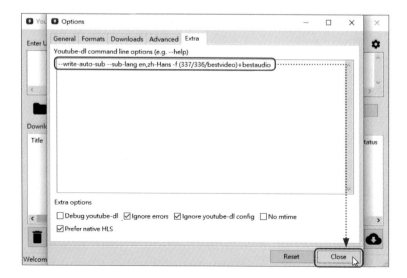

04 回到「youtube-dl-gui」主畫面以後，將想下載的YouTube影片網址複製下來並貼在「Enter URLs below」欄位，按下「Add」加入。

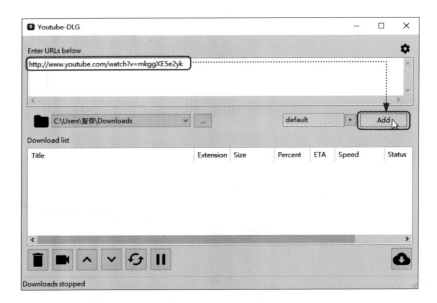

 05 可加入多個網址依序下載，按下右下角的「Start」後，就會優先下載4K HDR格式的影片。開始下載以後，可以看到「Extension」欄位中顯示的並不是一般的mp4檔案，而是「webm」影片檔，其實很多播放軟體都已經開始支援了，像POT Player就能夠順利播放。

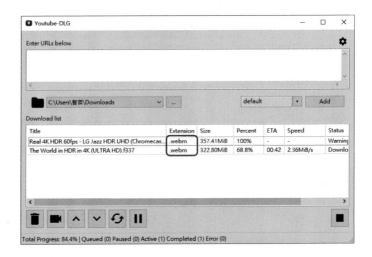

06 不過如果畫面顏色看起來怪怪的，是因為螢幕不支援HDR影片，我們可以在畫面中點擊滑鼠右鍵，從選單上按「視訊」→「像素著色」→「HDR SMPTE ST 2084/2086 自動校正」來修正。

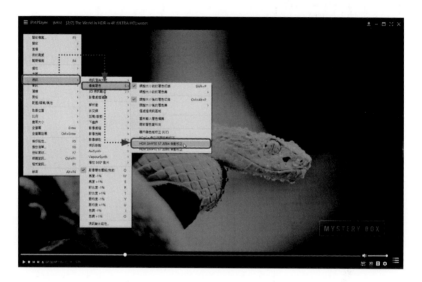

07 開啟HDR校正的影片，顏色看起來鮮艷飽和多了，即使你的螢幕不支援HDR格式，也能先提前享受HDR的爽感。

09 在電腦上看360度VR影片不是夢

　　除了傳統尚在電腦螢幕或電視上播放的影片外，這幾年也很流行用手機觀賞VR影片，這是一種360度視角，可以看到前後左右的虛擬實境體驗，但就無法在電腦上看這種影片了嗎？別擔心，我們可以在電腦上安裝「GoPro VR Player」，就可以順利的欣賞到VR影片囉。

官方網址：http://www.kolor.com/gopro-vr-player/download/ 　Google 搜尋

01　與之前用4K Video Downloader下載影片的方式相同，如果影片支援360度播放的話，會在分析影片來源後的清單中顯示，你只要點選畫質中有「360°」的選項即可。

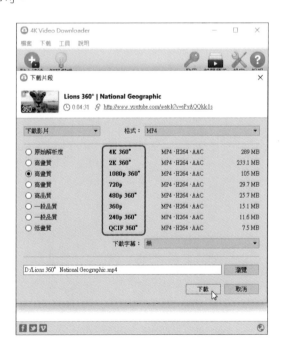

02 不過下載回來的影片,用一般的播放軟體觀看的話會是上下分隔的畫面,根本不能看,所以我們要先去下載安裝GoPro VR Player。

03 開啟GoPro VR Player以後,請先按下功能表上的「File」→「Preferences」來設定。

04 請先在「GENERAL SETTINGS」中設定影片的輸入輸出模式，像本例中的影片，我們就要在「INPUT STEREOSCOPY」中選擇上面「SIDE A」下面「SIDE B」這種。

05 用GoPro VR Player開啟影片後，可以看到畫面顯示就正常了，可以按住滑鼠游標拖曳畫面來達到360度觀賞影片的效果。

10 非公開的私人影片也能順利下載

　　有時候我們會在YouTube上看到私人權限的影片，這時候雖然可以線上觀看，但下載軟體就很難將這個影片下載回來，我們可以利用「Getv」這個網站，將私人影片下載回來囉！

> 官方網址：http://tw.getv-go2.com 　　🎤　　Google 搜尋

01　如果遇到不能下載的私人影片，別擔心，我們一樣先把連結複製下來。連上「Getv」網站以後，可以看到畫面中有兩個空白欄位，將網址貼到上面那個以後，點擊「Getv」來分析。

02 完成影片來源分析後，點擊你想下載的畫質，此時會另開一個新的網頁。

03 在新開的網頁底下，會跳出存檔通知，這時就可以輕鬆將影片下載回來囉！

11 將影片轉為MP3音樂

　　有些影片的背景音樂很不錯，想保存下來但只能將整個影片抓回來嗎？可以利用「OnlineVideoConverter」這個網站單獨擷取聲音的部份成為MP3，不論是放進手機裡聽還是當作鈴聲來用，都很方便喔！

> 官方網址：https://www.onlinevideoconverter.com/zh/mp3-converter 🎤　　Google 搜尋

01　連上「OnlineVideoConverter」以後，貼上影片的網址，在選擇轉換後的音樂檔格式與音質，按一下〔開始〕即可轉檔。

02 等待一段時間以後，上方會出現下QR Code，讓你可以很方便地下載到手機，或是按一下「下載」來另存新檔。

03 下載回來的MP3可以很輕易的用支援的播放軟體欣賞，也可以用手機來聆聽喔！

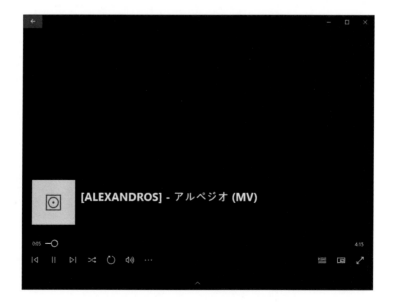

12 上傳分享影片給大家看

在YouTube上不只能觀賞影片,也能上傳影片給大家欣賞,在登入Google帳戶以後,你就有分享影片的權利了,掌握上傳影片的方法以後,不僅能分享一些自己拍攝的影片給親朋好友看,也許還能自己經營頻道帶給更多網友娛樂喔!

官方網址:http://www.youtube.com   Google 搜尋

01 在YouTube上先登入帳號以後,然後點擊 📹 ,在選單上點擊「上傳影片」。

02 上傳YouTube的檔案大小有128GB及11小時的長度限制，此外接受MOV、MPEG4、AVI、WMV、MPEG-PS、FLV、3GPP、WebM等格式的檔案。可以直接將影片檔從檔案總管拖曳到視窗中快速上傳，此外可將影片設定為公開、非公開、私人等觀賞權限。

03 上傳的期間，可以先填影片標題、內容說明等資訊。

04 在進階設定中，可以設定是否讓網友留言評論與授權、類別、語言、日期等設定，最後按一下〔發佈〕。

05 發佈完成的影片可以透過畫面中所顯示的網址連結來觀賞。

13 別羨慕，快來當熱門直播主

現在YouTube直播十分火紅，很多有名的YouTuber也有直播的節目，與上傳影片不同，直播不僅考驗臨場反應，YouTube還會要求需要通過帳號驗證，因此接下來的教學，就是如何開啟直播功能，來完成第一次的直播吧！

01 與上傳影片的步驟相同，先在YouTube首頁上點擊 ，再在跳出的選單上點擊「進行直播」。

02 接著按下〔開始使用〕開始啟動直播的步驟。

03 開始直播前需要通過帳戶驗證，可選擇電話語音或手機簡訊，輸入完成後按下〔提交〕。

04 在上個步驟中我們選擇了簡訊驗證，所以在收到驗證碼後，填入空白欄位中再按下〔提交〕完成驗證。

05 完成驗證後按一下〔繼續〕，接下來要先等待24小時的帳戶直播啟用，所以最快也需隔一天才能直播喔。

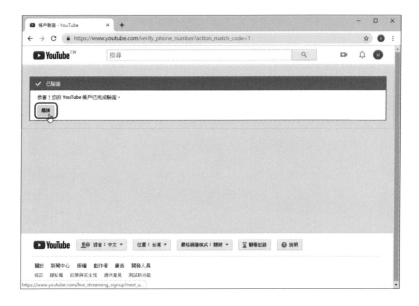

06 在直播前需要同意YouTube使用你的麥克風及攝影機，請在跳出的對話盒中點擊〔允許〕。

07 設定直播的主題與進階項目，按一下〔繼續〕。

08 在直播前會拍一張照片作為封面圖片，按一下〔進行直播〕即可開始直播囉！

09 開始直播囉！想結束直播的話按一下〔結束直播〕按鈕即可。

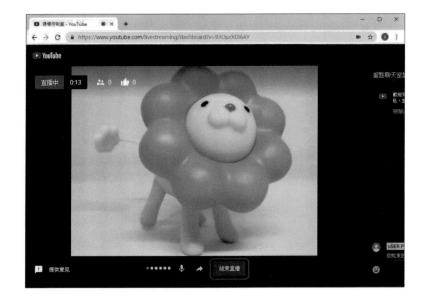

Part 06

用Gmail收發電子郵件

01 雲端收信管理更方便

Gmail的介面與大多數網頁郵件的配置差不多，可以很容易上手，也很方便管理來信，就讓我們一起來實際操作看看吧！

官方網址：http://mail.google.com　🎤　Google 搜尋

01 一開啟Gmail可以看到左上方是郵件資料夾，中間區域是郵件列表，左下方則是Google Hangouts的即時通訊區域。

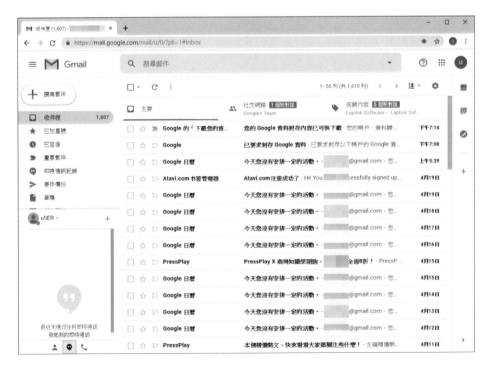

02 在收件匣中刪除的郵件都會跑到垃圾郵件匣中，可立即清除也可等30天後Gmail自動幫你清除。

03 看到重要來信，可以在信件標題前方按一下 ☆ 或是 ▣ ，將此封信特別標注起來。按一下左上方「已加星號」可以看到標注為 ★ 的郵件。

而標注為 的郵件，則會被分類到左方「重要郵件」中，方便你的分
類尋找。

05 寫新郵件也很直覺方便，按一下左上方的〔撰寫郵件〕按鈕即可寫新
的郵件。

02 讓Gmail自動幫你分類信件

Gmail裡面提供了非常優秀且方便設定的過濾機制，讓我們可以在接收郵件的同時就幫它們做好分類管理。你可以不需要手動分類信件，一旦收信以後，就由Gmail依照你建立的過濾器規則，自動幫你管理。

01 首先在搜尋欄位的右方點擊一下小小的三角形。

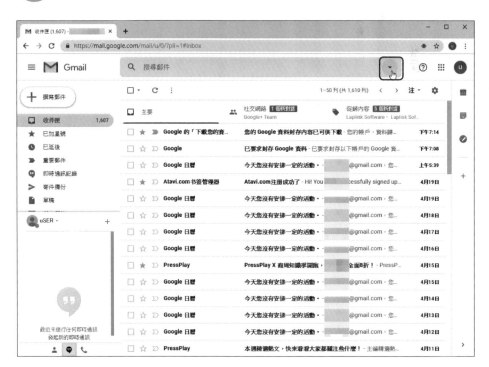

02 此時會在搜尋欄位下方跳出一個對話盒，然後你可以看到幾種不同的過濾方式，例如你可以從「寄件者」中過濾某些特定人士，依據你想要的方式建立過濾規則，然後按一下「建立篩選器」。

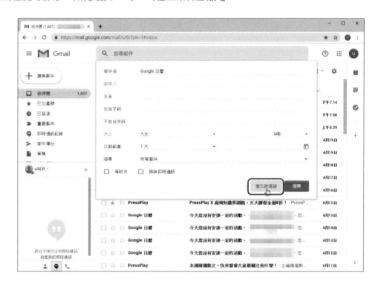

03 接著你可以決定「篩選後」要進行什麼樣的動作？例如為符合關鍵字的郵件標上星號，或者將郵件轉寄到某個特定聯絡人信箱。而我們這邊為了方便以後的分類管理，所以勾選「套用標籤」，並設定以後符合這個關鍵字的郵件要歸屬的標籤名稱。

> ❗ 你可以勾選「將篩選器同時套用到相符的會話群組」，這樣已經收到收件匣中的舊郵件就會馬上套用此規則來分類。

04 最後我們可以到設定頁面中，點擊「篩選器和封鎖的地址」，然後便可以修改此篩選器的內容囉。

05 有了標籤分類後，你可以直接在左方的標籤列表裡面選擇某個標籤，就能夠單獨顯示該分類底下的所有電子郵件。

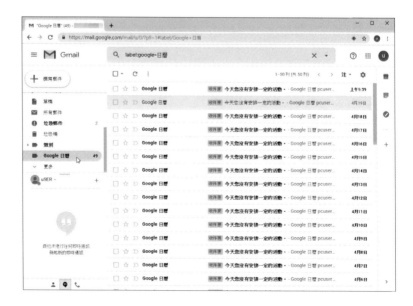

03 新郵件送到自動通知你

Gmail雖然方便好用，但是每次新信來的時候並不像Outlook那樣會跳出通知，因此需要常常回到視窗中查看，很浪費時間。其實Gmail本身內建有通知功能喔！不過想要體驗此功能的方便性需要配合Google瀏覽器來使用，才能在每次有新郵件送達時跳出自動通知喔。

01 進入Gmail設定頁面，在〔一般設定〕下方找到「桌面通知」，點選「開啟即時通訊通知」及「啟用新郵件通知」以後，點擊上面的「按這裡即可啟用Gmail的桌面通知功能」。

02 接下來在Google瀏覽器上方會跳出詢問你是否允許mail.google.com顯示桌面通知的訊息，按一下〔允許〕即可同意，然後記得按下最下方的〔儲存變更〕按鈕。

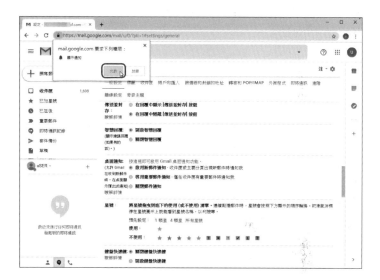

03 往後只要在Gmail上收到新郵件，即會在桌面右下角跳出通知訊息，不過需要留意的是，此功能要正常使用的前提是要登入Gmail，及瀏覽器要保留Gmail的視窗不關閉。

04 實用回條讓你不用問收到沒？

LINE的「已讀」通知功能，不但讓發訊息的人可以快速掌握對方是否已讀取訊息，同時也是友情大考驗，看看在關鍵時刻對方是否「已讀不回」。只要在Google瀏覽器中安裝「Gmail和收件箱郵件追蹤」這個擴充套件，就能擁有類似「已讀」的實用功能哦！

官方網址：https://tinyurl.com/yxbnucp4　　　🎤　　Google 搜尋

01 連上「https://tinyurl.com/yxbnucp4」官網以後，按一下〔加到Chrome〕來安裝。

02 Mailtrack安裝完畢以後會先跳出一個畫面，點擊中間的〔Connect with Google〕登入Google。

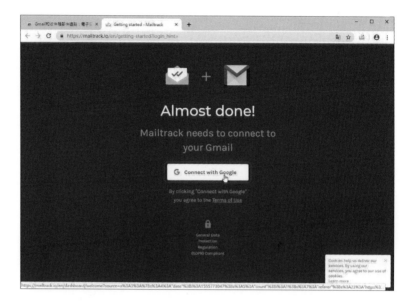

03 雖然Mailtrack有需要付費的服務，但免費版就夠一般人使用了，因此我們點擊〔Sign Up Free〕。

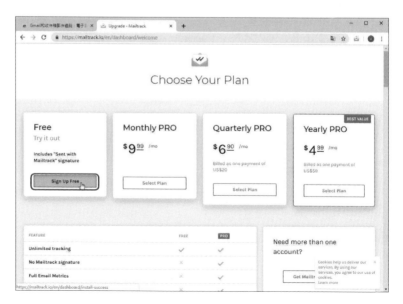

04 安裝了Mailtrack以後，可以看到在底下的〔傳送〕按鈕旁邊多了兩個綠色的勾勾。

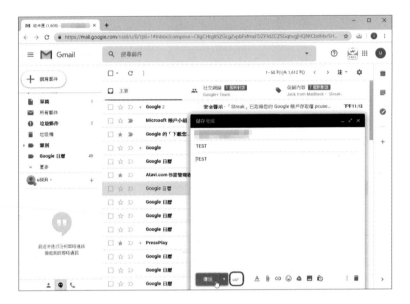

05 在寄出郵件後，可以回到「寄件備份」裡頭看看，在對方已讀取的郵件上會顯示兩個綠色勾勾，將滑鼠游標移到上頭以後會顯示誰在多久前看過幾次這封郵件。

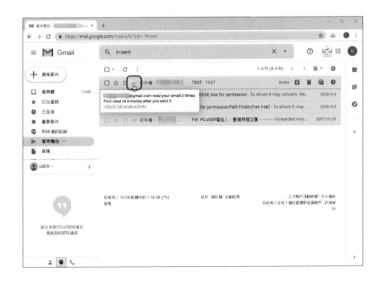

05 Gmail專用的罐頭訊息

如果你常常要寫內容差不多的信件，但又覺得把這些文字存在Word或是記事本中很麻煩，寫信時還得先叫出來複製，可以開啟Gmail內建的「罐頭回應」功能，建立罐頭訊息來插入信件草稿中使用喔！

01 在Gmail主畫面上點擊 ⚙ →「設定」進入設定畫面。

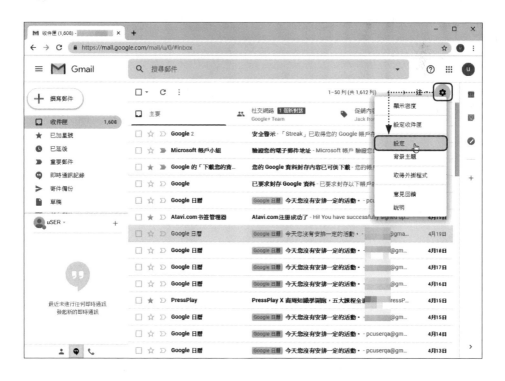

02 找到「罐頭回應（範本）」項目後，點擊「啟用」，再將頁面拉到最下方，點擊〔儲存變更〕即可。

03 然後開啟撰寫郵件視窗，在信件內容中輸入你要拿來當作罐頭訊息的文字，點擊 ⋮ →罐頭回應→將草稿儲存為範本→另存為新範本。往後就可以在寫信時套用這些文字了。

06 在Gmail中插入網頁預覽圖

　　有時候我們要在寄給對方的信件中插入網頁，但直接貼上網址總覺得不夠有質感，這時候我們可以用「Clip Better」這個擴充功能來貼上有縮圖與簡介的網址喔！

下載網址：https://tinyurl.com/yyb5esc2　　　🎤　　Google 搜尋

01 連上「Clip Better」頁面後，點擊〔加到Chrome〕來安裝。

02 在想要轉貼的網頁上點擊一下  圖示，這時候會出現一個小方塊，上面有這個網頁的簡介與縮圖，你可以在空白欄位中輸入你想說的話，先點擊〔COPY CLIP〕，然後再點擊〔SEND WITH GMAIL〕來撰寫郵件。

03 我們在GMAIL的撰寫郵件視窗中貼上剛剛複製下來的網頁，就可以看到美觀的網頁預覽畫面囉，這樣寄給朋友的信件也更加有質感。

超機密特務風格限時信

常常會在特務片中看到主角在接受任務後，信件會自動銷毀的特效。是不是覺得很帥啊？我們可以利用Gmail本身的功能，打造一封「超機密信」，不僅有趣也真的有預防資訊外流的用途喔！

01 在撰寫郵件時，點擊頁面下方的 🔒 圖示。

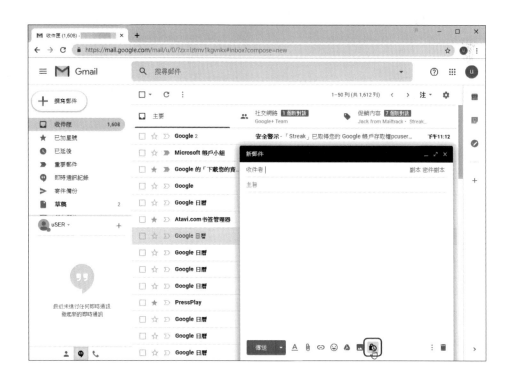

02 接著會跳出「機密模式」對話盒，可以設定什麼時候信件到期，不過下面的簡訊密碼因為還不支援台灣，所以得選擇「不使用簡訊密碼」，最後按下〔儲存〕。

03 將信件的所有內容寫完以後，按下〔傳送〕就可以囉！

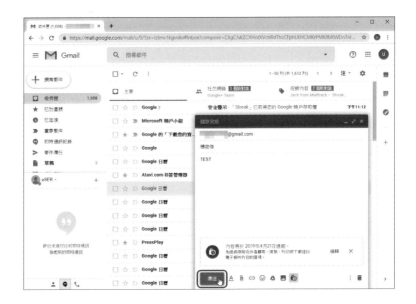

可以反悔！取消寄出的信件

你有在寄出郵件的瞬間馬上就後悔裡頭有不該給對方看到的訊息嗎？連LINE都能收回訊息了，Gmail當然也沒問題，你可以設定寄出時間最長30秒內將信件收回。其實原理就是延遲寄信，在設定的時間後才會真的寄出信件囉！

01 這個功能也是Gmail所內建的，在主畫面中點擊 ⚙ →「設定」。

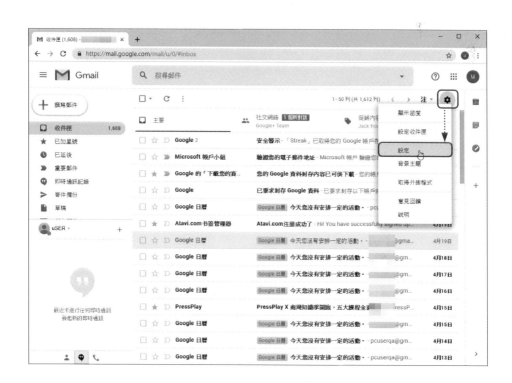

02 在設定畫面向下拉，找到「取消傳送」，設定想要後悔的秒數，最後記得儲存設定。

03 當我們開啟了「取消傳送」功能後，每次寄出信件時在左下角的狀態中，都會出現「取消傳送」選項，點擊它，就會將信件還原為草稿狀態，讓你可以修改後再寄出。

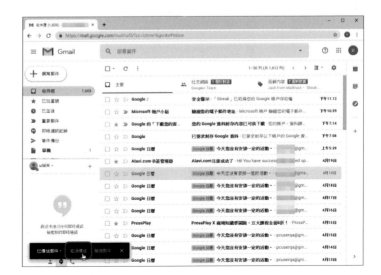

Part 07

Google表單設計密技

01 五分鐘完成超專業雲端問卷

平時用到問卷的機會其實很多，像就學時做報告時需要用到，上班族團購美食時，甚至是朋友間聚餐時，都可以利用問卷確認大家的意願，不過以往對問卷的印象就是要花上很長一段時間製作，現在你只要花不到5分鐘，即可製作出一份專業感十足的問卷囉！

官方網址：https://drive.google.com/drive/ 🎤   Google 搜尋

---

01 在GoogleDrive管理介面左方按一下〔新增〕按鈕，跳出選單以後按一下【Google表單】。

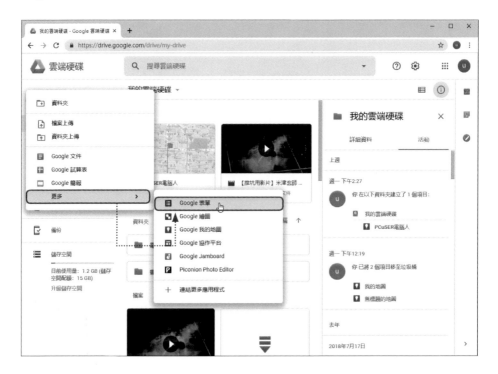

02 先按一下 調色盤來變更底色,如果不想使用顏色而想使用圖片的話,可以點擊〔選擇圖片〕。

03 接著就可以依照實際需求填入選項囉,同時你也可在問卷中插入圖片與影片等讓界面更美觀的元素。

圖片只要簡單的拖曳到視窗中即可上傳，你也可以連結網路中的圖片網址與Google雲端相簿。

05 問卷設計完成以後，再按一下最右上方的〔傳送〕按鈕。

06 接著你可以用Facebook、Google+來分享問卷，或是填入Email地址寄給朋友。

07 對方收到邀請後，一定會對精美的問卷留下深刻印象，在幾分鐘之內就能製作出看起來十分專業的感覺呢！

02 美化Google表單背景

　　不喜歡預設醜醜的表單嗎？其實我們可以透過Google提供的背景主題來美化表單畫面，甚至還可以使用自己的圖片讓表單更美觀喔！

01 打開Google表單，除了預設的範本主題外，你還可以自訂主題的每個細節。

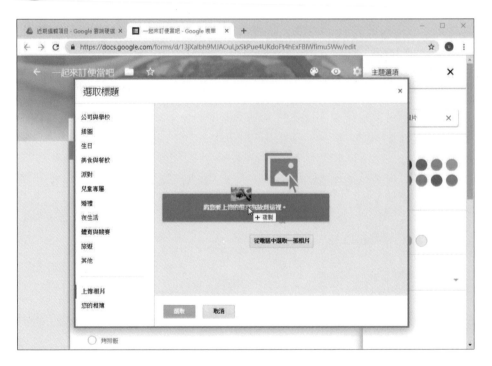

02 載入圖片以後，拉動圖片中的框框圈選出要作為佈景主題的區域，然後點擊左下方的〔選取〕。

03 用自行上傳的照片作為背景主題更切合主題，不再受限在內建的圖片數量囉！

03 限制每個人只能作答一次

有時候我們做線上的投票，結果每個人打開線上問卷都被當成新用戶，都可以重新投票一次，於是有人投了十次，有人投了兩次，這樣統計出來的結果一定不準確。那麼，有沒有辦法限制每個人只能「填寫一次問卷」呢？

在新版Google表單中，點擊表單編輯畫面右上方的 ⚙ ，就可以叫出「設定」畫面，勾選「僅限回覆1次」，這樣一來每個人都必須登入自己的Google帳號才能回到這份問卷，也只有回答1次的權利，不會重複作答了。限制每個人只能作答一次。

> ! 不過要注意的是，雖然因此要求對方必須登入Google帳號才能回答問卷，可是看後台報表時，不會看到對方實際的Google身分帳號資料喔！

④ 開放大家可以修改答案

如果只能回答一次，那可不可以允許應答者後續可以回到問卷，去修改自己填寫過的答案呢？

點擊表單編輯畫面右上方的 ⚙ ，到「設定」畫面下方，只要勾選「在提交後進行編輯」，這樣對方就能回到同一個表單網址，去修改自己填寫過的答案了。

05 指定應答者必答的題目

如果這是一份收集班級學生個人資料、收集辦公室同事的聚餐意願的問卷，那麼可能有些欄位我們希望對方一定要回答。

這時候，只要在問題編輯處滑動並開啟「必填」項目，就能強迫對方一定要填寫答案才能完成問卷。

06 讓應答者留下個人資料

　　很多問卷調查時，我們都希望能夠知道回答的人是誰。例如在辦公室裡訂會議便當，希望對方勾選想要的便當後，也能知道這是誰勾選的答案，方便以後發送便當。可惜Google表單目前沒有直接提供留下填寫人資料的功能，所以我們只能變通一下，那就是「自己設計一個填寫資料的欄位」吧！

設計一道單行文字題目，要求對方留下姓名，並且設定為必填的問題即可。

!　提醒讀者在設計此類問卷時務必遵守「個人資料保護法」相關規定，主動告知應答者資料收集的相關用途喔！

07 製作給應答者參考的預設答案

有時候問卷比較複雜，可能還有很多填空題，這時候我希望在問卷上「先寫下一部份的答案範例」，提供回答者參考，做為「這邊應該怎麼填寫」的示範。

01 有沒有辦法在Google表單上做到呢？可以的，當你設計好Google表單後，在上方的選單裡選擇【取得預先填入的連結】。

02 進入一個作答網頁，你可以在想要「示範如何回答」的填空處，填上
自己的範例答案，然後提交這份問卷。

03 接著你會在網頁上方獲得「這份範例問卷的網址」，把這個特殊網址
提供給其他人，其他人就會在填寫問卷時，看到你的示範答案了。

08 自動檢查是否填對Email格式

　　這個欄位希望對方留下電子郵件，但是僅僅是一個空白欄，如果對方亂填怎麼辦？這時候，我們可以限制對方只能留下電子郵件，方法是設計一個「單行文字」問題。

打開下方的進階設定，勾選【回應驗證】，並選擇【文字】→【電子郵件地址】，這樣對方就一定要填寫電子郵件格式的內容才能過關。

09 限制使用者答題字數

　　有時候怕對方填入的文字太多時，你可以利用字數限制的功能，將填寫的字數限制在指定字數，這樣就不擔心超過囉！而有的老師在出題目給學生測驗時，也可以利用此功能來讓學生一定得填寫指定字數以上的答案喔！

　　在問題類型中選擇【簡答】，然後按下下方的 ⋮ 勾選「驗證資料」，選擇【長度】→【最大字元數】為100，這樣就只能最多填寫100字的回應。

10 讓每次應答時的題目順序皆不同

一些統計問卷或許需要題目、答案是隨機排列的，以免影響回答者作答的選擇。

01 在Google表單中，最上方點擊 ⚙ 以後，在跳出的畫面中勾選「隨機決定問題順序」，就能讓問題區塊每一次的排列都不一樣。

02 而在問題設計中，勾選【隨機決定選項順序】，就可以針對單選、多選問題來亂數決定答案的次序。

03 有的問卷類型，每次答題的順序都不一樣時，會變得很有趣，你也可以試試看用這種方式做問卷或測驗，讓作答者更有興趣。

11 達到指定樣本數自動關閉表單

有的問卷是有人數限制的，達到指定的樣本數時即會關閉，不過要如何製作這種表單呢？因為Google表單的內建選項並沒有此功能，這時就需要外掛程式來支援囉！

01 在使用這個功能時，由於不是內建的選項，因此我們需要先安裝外掛程式，點擊 ⋮ →【外掛程式】。接下來在跳出的外掛程式清單中找到「formLimiter」，然後按一下〔+免費〕來安裝。

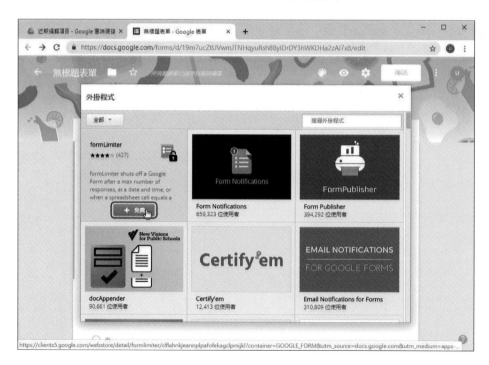

02 在視窗右側會出現「formLimiter」的欄位，我們在「Limit」選擇要使用【max number of form responses】人數限制，然後在「when number……」欄位中填入指定的人數，最後點擊〔Save and enable〕儲存。

03 當表單已經累積指定的調查人數時，原先的表單內容再也無法被開啟囉！

12 設定表單截止時間

　　有時候設計表單時，會需要限制表單截止的時間，而不是單純用內建的人數限制功能，這時候可以利用前面介紹過的「formLimiter」外掛程式，來達成這個目的。

01 在Google表單上點擊 🧩 →「formLimiter」。

02 跳出小方塊後，再點擊「Set limit」。

03 在右側跳出的對話盒中選擇「date and time」，再輸入相關資訊，點擊〔Save and enable〕將這份表單存檔即可。

13 把問卷分成好幾頁作答

　　有時候如果問題很多，或是問題有區分不同的分類，那麼我們可能會想要幫問卷設計分頁，以免讓應答者看到同一頁中的題目太多而失去興趣。

在Google表單中點擊右方工具列的〔新增區段〕，就可以隔開前後的問題，加入換頁功能，應答者在回答時走到這裡，就必須換頁。

14 幫問卷設計跳轉問題

有時候在心理測驗，或是某些回答問題的小遊戲中，我們會設計「回答某個答案後」，要「跳轉到哪一道題目」，這樣的設計可以在Google表單實現嗎？

先利用前面幫問卷分頁的方法，先把不同類別的問題分頁，然後在問題右下方的選單中勾選「前往區段」，這樣就可以設計回答某個答案後，要跳轉到哪個分頁繼續回答。當然這不是直接了當的跳轉方法，但也依然可以幫助我們設計出好玩的問卷。

15 讓應答者依喜好排序的表單

　　你有看過有些問卷可以讓你選擇選項並將他們排序嗎？這是怎麼辦到的呢？我們也可以用Google表單內建的功能讓問卷的功能更豐富。

　　在問卷中新增問題，並將類型設定為「單選方塊」，將列嶼欄中的所有項目設定完成後，在將右下角的選單勾選「每欄僅限一則回應」就可以囉。

16 比記帳App還好用的雲端表單

在這個雲端時代與行動時代，Excel記帳的方法有沒有雲端化、行動版的變種呢？我們常常會利用記帳App來記錄開銷花費，不過通常資料都無法互通，不能再次利用，我們可以利用Google表單+Excel試算表來記帳，不僅走到哪都能輕鬆記錄，文件也能再次利用更便利！

01 首先，打開你的「Google雲端硬碟」，小編建議建立一個「記帳帳簿」資料夾來專門儲存以後的記帳表單資料。

02 接著在這裡先新增一個「Google試算表」，這份試算表就像是Excel一樣，以後可以儲存我們所有的記帳資料。

03 但是我們不只想要用Excel記帳，我們希望有真的像是記帳App那樣簡單易用的記帳介面，這個便捷記帳介面就要用「Google表單」來設計。進入剛剛新增的試算表，先將這個試算表命名為記帳本（方便以後查找），然後在上方功能列的「工具」中為這份試算表「建立表單」。

04 經由上面步驟進入「Google表單」設計介面，讓我們來設計幾個經典的記帳問題。首先增加「日期」問題類型，這讓我們可以快速選擇這筆交易的日期。

> ⚠ 一定要由步驟3的【建立表單】來新增表單，才會與Excel試算表連結，不然會是一個獨立的表單喔！

05 接著我們用「簡答」問題類型來新增一個「消費用途」欄位，用來填寫這筆消費的實際用途說明。再來我們利用「單選」問題類型來建立消費類別，例如飲食、交通、娛樂等等，當然別忘了利用「簡答」問題類型，加上最重要的「消費金額」欄位，這裡就可直接填上消費數字。

06 無論在手機或電腦中，打開剛剛設計好的
「記帳問卷」，這時候只要在日期、項
目、類別、花費欄位一一填寫，就能快速
把一筆消費同步輸入Google試算表，要比
打開試算表填寫要快速簡單得多。

! 除了把這個記帳問卷網頁加入書籤外，在Android手機裡可以利用Chrome的「加到主畫
面」功能，把這個問卷網頁捷徑放在桌面上，這樣就真的像一個記帳App一樣了。

07 我們在記帳問卷表單輸入的一筆一筆花費，都會統整到一開始建立的
Google試算表中，只要打開這份試算表就能看到所有花費。

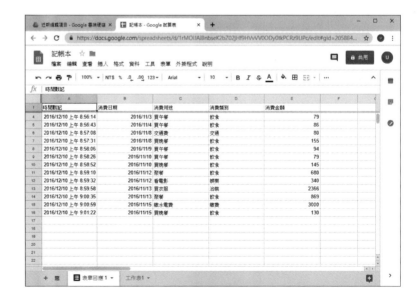

17 叫出之前設計的問卷問題

　　有時候我們正在製作的表單，會用到之前表單的元素，但因為Google表單沒有複製版型的功能，所以得重新製作。其實我們可以利用免費的外掛程式來叫出之前的表單元素，讓設計過的問題可以重複利用。

01 我們在Google表單頁面上點擊 ⋮ →「外掛程式」。

02 找到清單中的「FormRecyler」後，點擊〔+免費〕來安裝。

03 安裝完成以後點擊 🧩 →「FormRecyler」。

04 這時候會跳出一個小方塊，再點擊「Recycler Form Questions」。

05 接著就會看到以前製作過的表單，點擊想要回收使用的那一份，再按一下〔Select〕。

06 FormRecyler會將表單中的元素拆解出來，勾選你要新增到新表單中的項目即可。

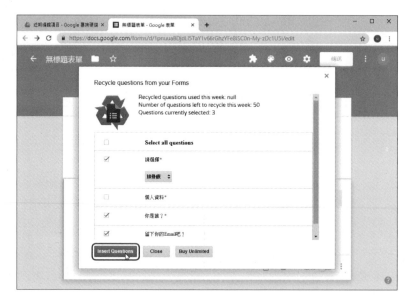

07 將舊表單重新利用不僅省力又省時，沒想到電子表單也能用得很環保！

Part 08

Google日曆記事不忘技

01 新增日曆活動備忘提醒

Google日曆的界面非常簡單明瞭，就像是掛在牆上的日曆一樣，可以將活動規劃寫在上頭，那要如何建立Google日曆上的備忘提醒呢？接下來小編要帶你實際操作一遍喔！

官方網址：https://www.google.com/calendar?hl=zh_tw Google 搜尋

01 進入日曆以後，我們來新增一個活動，按一下左上方的〔建立〕按鈕，也可以更快速的直接點擊日曆中對應的時間空格來新增活動。

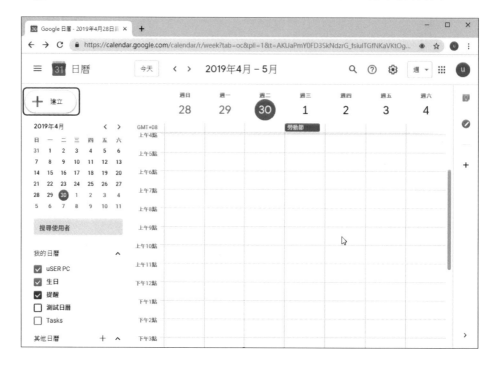

02 跳出對話盒以後，輸入活動的相關資訊，點擊「更多選項」來設定活動細節。

03 將時間、地點、通知……等項目設定完成後，點擊一下〔儲存〕存檔即可。

> ❗ 如果你在每週或每個月都有固定行程，可以此頁面中勾選「重複顯示」，並設定「結束日期」為顯示幾次後不再提醒。也可以利用顏色來區分不同的活動，更方便你一眼看出是哪個活動的提醒。

用手機提醒活動開始時間

　　Google日曆除了用網頁提醒以外，還可以用手機來提醒，對於幾乎人手一隻智慧型手機的現代人來說更加方便，如果你有Android手機的話，不妨來試試吧！

01 進入Android手機中的設定頁面，然後按一下選單中的【帳戶】。進入帳戶選項後，會列出手機中的所有帳戶，如果你的手機中有不只一個帳戶的話，點擊【Google】進入。

02 接下來再點擊Gmail帳戶名稱，進入帳戶同步處理設定頁面，想同步處理的項目就勾選起來，不想的項目就取消勾選，不過一定要注意「日曆」這個項目有被勾選，才能正確被通知。

03 當你在日曆中設定的行程提醒時間到時，手機就會跳出提醒囉！

03 在日曆中同時顯示農民曆

　　雖然現在大家用到農曆的機會少之又少，但是在看特殊日子或是民俗忌諱時，還是得使用農曆，其實Google也有內建農曆，如果你的Google日曆沒有顯示農曆的話，快將它叫出來，日常生活使用時更便利，不用再去翻農民曆囉！

01 在Google日曆右上方點擊 ⚙ 按鈕，跳出選單以後再點擊【設定】。

02 將設定頁面拉到底下,可以看到「其他日曆」旁有個下拉選單,點擊「農曆 - 繁體」,然後再按一下〔立即重新載入〕生效。

03 接著我們回到Google日曆,就可以看到日曆介面上不只有國曆,也同時顯示農曆囉。

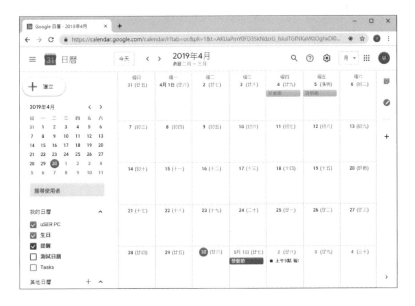

04 影分身祕術，建立多個日曆

除了建立活動以外，Google也允許你建立多個日曆，甚至可以將這些日曆分享出來，讓朋友能看到你的行程或是一起編輯，十分方便，接下來一起建立一個新日曆吧。

01 按一下「我的日曆」旁邊的小倒V形，跳出下拉選單以後點擊一下【建立新日曆】。

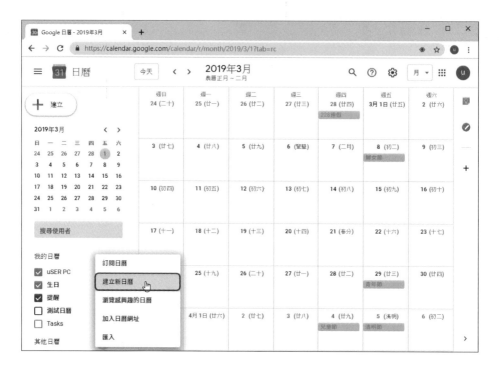

02 填入「日曆名稱」、「說明」、「時區」……等資訊以後，按一下
〔建立日曆〕即可建立新日曆。

03 此外還可以選擇是否公開此日曆及與他人共用此日曆，可設定讓朋友
共同編輯此日曆內容。

05 建立新奇有趣的特別日曆

除了建立新日曆以外，我們也可以訂閱有趣的日曆，例如外國的假日或運動方面的日曆，讓每天看行事曆時更有趣，不再覺得無聊。

01 在「其他日曆」旁的小倒V形點擊一下滑鼠左鍵，跳出選單以後再按一下【瀏覽感興趣的日曆】。

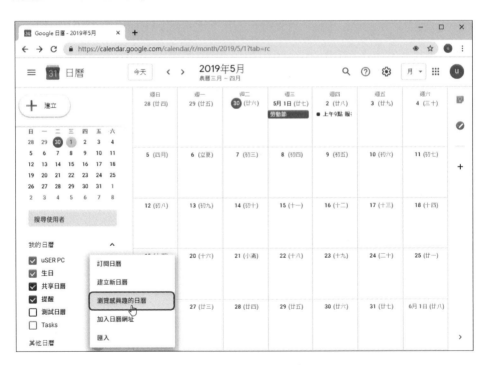

02 「有趣的日曆」分為三大類，有「假日」、「運動」、「其他」，我們可以拉動下方的日曆名稱來瀏覽所有項目，按一下「訂閱」即可添加到自己的日曆中，最後按一下「返回日曆」回到日曆頁面中。

03 在上一個步驟中，我們加入了「台灣的節慶假日」日曆，因此在我們的日曆中，就會出現熟悉的大小節慶囉～

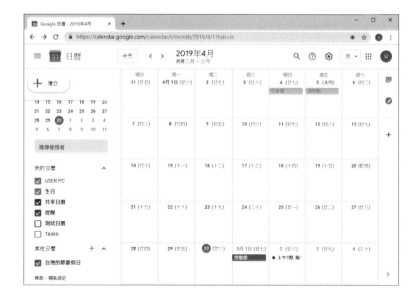

06 不讓Gmail自動加入日曆行程

有時候Gmail會自動幫你在行事曆中建立行程或活動，但是並不需要Google這麼「雞婆」，以免行事曆變得雜亂或是洩露隱私，我們可以將這個設定關閉，讓Google日曆上只有我們想新增的行程。

01 點擊Google日曆中的 ⚙ 圖示，然後在跳出的選單點擊「設定」。

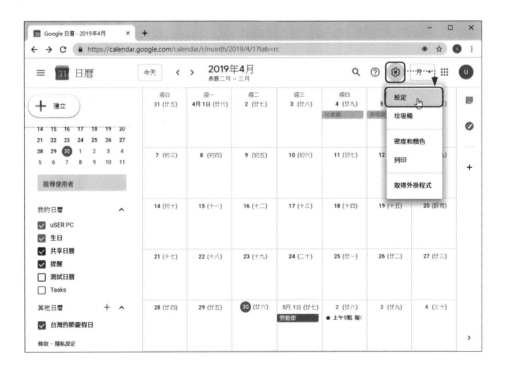

02 在左窗格中展開「一般」→「Gmail中的活動」，然後在右窗格中取消勾選「自動將Gmail中的活動加入我的日曆」。

03 Google會再跟你確認一次，點擊「確定」就可以取消原先的雞婆設定囉。

07 在Google瀏覽器快速叫出日曆

　　雖然Google日曆很方便，但因為要看行程時總是得連上網站，因此久而久之還是會覺得有點麻煩，我們可以透過「Checker Plus for Google Calendar」的幫忙，在Google瀏覽器上安裝一個快速按鈕，每當有需要的時候，就可以按下按鈕快速開啟Google日曆囉！

> 官方網址：https://tinyurl.com/y3saa958　　🎤　　| Google 搜尋 |

01 連上「Checker Plus for Google Calendar」頁面，並按一下〔加到Chrome〕來安裝。

02 安裝完成以後點擊 🖼 圖示，會跳出一個視窗，登入Google帳戶。

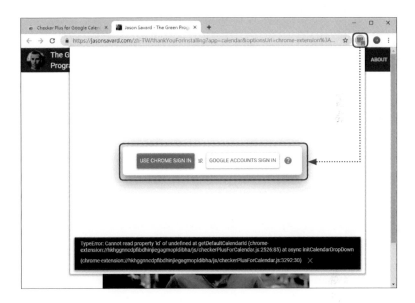

03 登入Google帳戶以後，就可以每次需要看行事曆時，點擊 🖼 圖示來叫出Google日曆囉！

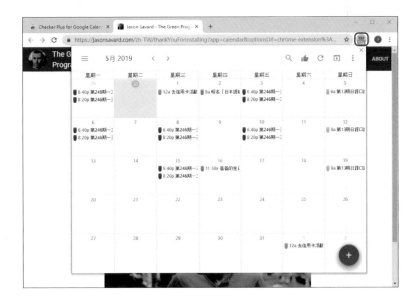

08 會報時的鬧鐘日曆

　　雖然Google日曆可以用手機提醒活動的時間，但功能很陽春，而「鬧鐘日曆Plus」這個App則可以當鬧鐘報時，把Google日曆與鬧鐘整合在一起。

官方網址：https://tinyurl.com/kb4rlwr 🎤	Google 搜尋

01 首先在Google Play商店將「鬧鐘日曆Plus」這個App安裝到手機上。

02 在第一次開啟App時，會出現一個說明頁面，點擊最底下的「開始應用程序」繼續。

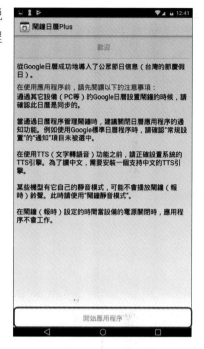

03 在主畫面中已經有2個預設的鬧鐘，點擊右上方的 按鈕，可以新增新的鬧鐘，例如我們點擊「添加日曆組」即可將Google日曆中的活動匯入。

04 選擇包含你想要匯入的活動的日曆。

05 匯入成功以後，可以看到最上方的帳號名稱底下會顯示行事曆裡包含了幾個活動，再一一將鬧鐘建立時所需的資訊填好即可。

06 值得一提的是，鬧鐘的鈴聲除了可以設定為音樂、鈴聲等，還可以設成「TTS（文字轉語音）」也就是手機會念出時間或活動名稱。

07 時間到時，就會跳出提醒畫面及鬧鐘囉！

09 讓Outlook與Google日曆雙向同步

　　很多公司都會要求員工使用Outlook，方便公司內部佈達及統計活動與會議，但比起Outlook來說，Google日曆更加好用，但Outlook又無法在匯入Google日曆時還能雙向同步，因此我們必須借助「CalDav Synchronizer」，幫我們搭起Outlook與Google日曆之間的橋樑。

> 官方網址：https://tinyurl.com/y5358zu4　　　🎤　　Google 搜尋

01　將從官網上下載回來的壓縮檔解壓縮以後，執行其中的「setup.exe」，安裝完成以後，開啟Outlook，可以看到多出了一個〔CalDav Synchronizer〕活頁標籤，點擊它進入。

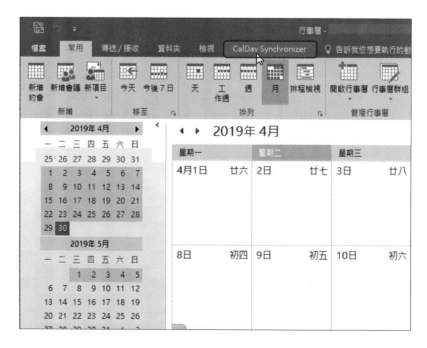

02 接著點擊「Synchronization Profiles」來設定支援的雲端行事曆。

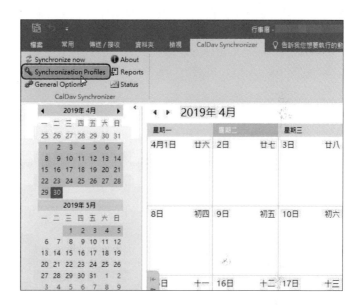

03 CalDav Synchronizer支援了多達二十多個行事曆服務，我們找到Google並點選它，再按下〔OK〕。

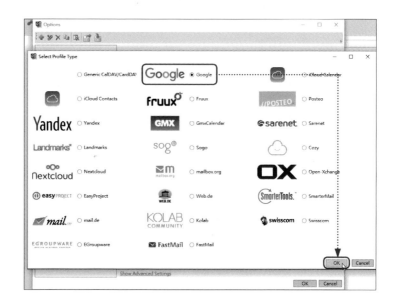

04 在「Option」視窗中，輸入你的Gmail帳號後再按一下〔Do autodiscovery〕，最後按一下〔OK〕。

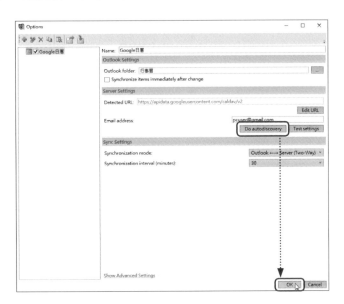

05 回到Outlook以後，就可以看到行事曆同步過來囉！而且在行事曆上編輯活動時，也會同步到Google日曆上。

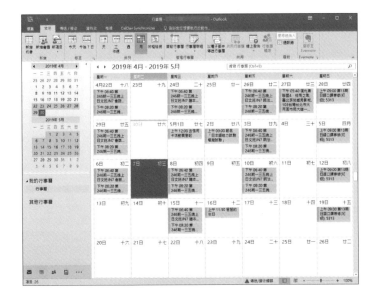

Part 09

好用的Google官方 Android Apps

01 用「Google智慧鏡頭」隨時查詢各種資訊

　　跟Google搜尋一樣方便，可以用手機的相機功能隨拍即搜，如果你有什麼東西想知道名稱，或是想知道跟這個東西有關的資訊（例如看到某件商品想知道在哪邊有賣）的話，用這個App搜尋超方便的啦！

下載網址：https://tinyurl.com/y3potxpv

Google 搜尋

01 想知道商品或任何東西上面你有興趣的事物，都可以透過智慧鏡頭拍照掃描，如果在畫面上出現圓點的話，可以點擊進入看看找到的資訊。

02 智慧鏡頭會自動幫你在畫面上找到相關的訊息，所以點開圓點就能查到相關的資訊。

03 除了圓點以外，智慧鏡頭也會自動掃描判斷文字或logo，讓你可以查詢到更多的產品資訊。

02 「Google翻譯」免打字直接拍照翻譯

　　很多人看不懂外國文字內容，就會用Google翻譯來查詢，手機版的翻譯App不僅可以讓你輸入文字來翻譯，還可以用說話與照相的方式來翻譯喔，在旅遊時如果臨時看到不懂的字詞時，可以用用這個App來應急喔！

下載網址：https://tinyurl.com/y4jg9ro6   Google 搜尋

01 Google翻譯當然也可以用傳統的打字輸入方式來翻譯文字，但這就太大材小用啦！

02 Google翻譯最棒的地方，就是他可以用手機的相機功能，邊拍照邊翻譯喔！

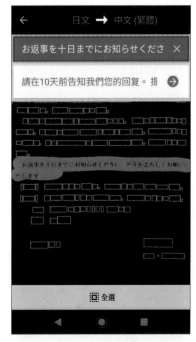

03 而且他也能透過麥克風說話，馬上就能翻譯出來！

03 「Cardboard」用手機低成本爽爽玩VR

　　VR話題實在是紅遍半邊天，不過VR裝置買起來也要近三萬元，還不包含能跑VR遊戲的電腦等級與顯卡價格呢！如果你也想輕鬆無負擔的體驗VR，可以安裝「Cardboard」這個軟體來嘗試看看，不過得先製作或購買能相容Cardboard的VR眼鏡，然後將手機放入，就能夠輕鬆看VR囉！

下載網址：https://tinyurl.com/lfhv7ad 　　Google 搜尋

01 安裝完成以後，跟著畫面上設定，並將手機放入Cardboard觀影盒中，就可以看到VR影片囉！

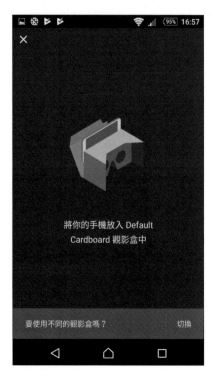

02 可以上網購買如圖中這種簡易版的Google Cardboard，或是戴起來更舒服的專用VR眼鏡，將手機放入就能開始享受啦！

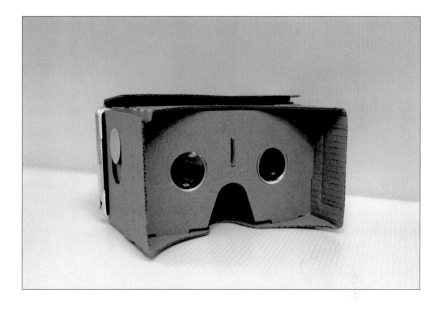

03 VR的原理是利用手機偵測晃動機制，與雙眼立體視覺，讓你在手機上也能看到立體畫面。

「Google Keep」無負擔高效率隨時記事

找不到好用的記事軟體而導致常常忘東忘西嗎？其實Google家的Keep App不僅好用還是免費的，像小編就很喜歡Keep可以建立核取方塊的清單，哪些事做了，哪些還沒做都一目瞭然！因為是Google的雲端服務延伸，所以不同裝置都能同步一樣的記事，還能建立桌面小工具，隨時都能快速查詢記事喔。

下載網址：https://tinyurl.com/y435rawo

Google 搜尋

01 儲存在Keep中的記事，都像一張一張的便利貼一樣，簡單明瞭，可以快速看到所需的記事。

02 建立新的記事也十分方便，核取方塊清單更是待辦事項的好幫手！除了可以用文字記事以外，還可以用拍照、錄音、手寫等方式來記事，也超實用！

03 Google Keep支援在桌面上建立小工具，用來提醒的記事就更清楚明瞭了。

05 修圖最好用的Snapseed

因為智慧型手機的流行，現在不管是拍照或修圖都變得超方便的！不過因為手機的相機功能不如單眼，在上傳前總是會再修一下圖讓相片更美觀，Google出品的Snapseed是一款不輸給各大修圖軟體的App，只要輕鬆用手指滑動，就可以達到調整圖片外觀與修圖的功能，超快速又直覺方便的啦！

下載網址：https://tinyurl.com/hjgy63l　　　Google 搜尋

01 Snapseed不僅可以套用現成的濾鏡，也可以按下「工具」，個別調整照片細節。

02 Snapseed有很多工具可使用，點擊想使用的工具圖示就可進編輯畫面。

03 用滑動的方式就能修改圖片，而且可調整的選項非常多，可說是Android系統上數一數二專業的修圖軟體呢！

06 免費的「GBoard」官方輸入法

　　雖然市面上的手機幾乎都內建中文輸入法，但是Google官方提供的這個輸入法還挺好用的，如果你用不慣原本內建的注音輸入法，不妨試試看這個Google版的喔！

下載網址：https://tinyurl.com/m5fskt9　　　Google 搜尋

01 在安裝後先啟動Gboard，然後按照指示步驟，將Gboard設為預設的輸入法。

02 你可以在設定中更改語言和鍵盤配置喔。

03 雖然輸入法在使用上都大同小異，但Gboard是Google原廠出品，用起來有更順手的感覺喲。

07 天天更換美美的手機桌布

　　你是喜歡更換手機桌布的人嗎？有時候就桌布看膩了想更換，卻找不到美圖嗎？別再到網路上找一些品質不佳的圖片了！Google出品的桌布App讓你天天都有新桌布可以欣賞！分門別類的各種高畫質桌布可以滿足各種挑剔的需求，快來讓手機畫面更美觀吧！

下載網址：https://tinyurl.com/jnag2mv 　　Google 搜尋

 開啟桌布App後，可以看到各種類型的桌布，點擊分類即可進入。

02 進入分類以後，挑一張喜歡的圖片當作桌布吧！

03 找到喜歡，想當作桌布的圖片，按一下右上角的「設定桌布」，即可成功設定手機桌布。

08 「Google新聞」幫你整理頭條大事

現代社會資訊量這麼龐大，我們每天都要忙著吸收新知，才不會外面發生什麼事都不知道，想找一款綜合各大新聞網站的好用新聞App嗎？其實Google也有提供喔！

下載網址：https://tinyurl.com/a2sm69g   Google 搜尋

01 安裝完成以後，按一下〔開始使用〕。

02 一進到App的第一個畫面，可以看到Google會主動推薦熱門的新聞。

03 你也可以自行在「頭條新聞」閱讀各媒體的頭條新聞，或是在「我的收藏」中閱讀收藏的新聞。

09 「Google助理」讓手機變AI秘書

不用羨慕Apple手機有Siri可用，Google現在也推出了Google助理，他也可以幫你安排行程與鬧鈴、搜尋網路、調整設定，以及顯示用戶Google帳號內的資訊。

下載網址：https://tinyurl.com/y7b4bj4n　　　　　　　Google 搜尋

01 目前繁體中文語系的Google助理尚未開放「OK Google」語音功能，因此需按下手機上的「Home」按鍵來叫出Google助理。

02 可以用語音或是直接點擊功能選項來讓Google助理幫你完成工作。

03 Google助理可以幫你設定提醒、撥打電話、傳送簡訊、設定鬧鐘、播放音樂⋯⋯等,快來試試看讓Google助理帶給你更方便的生活體驗吧!

10 Google原廠「Files」手機清理工具

　　手機快沒空間了，但又不想安裝對岸的空間清理工具，免得被裝了一堆來路不明的軟體嗎？你可以試試看Google推出的「Files」清理工具，這個工具操作也很簡單，一鍵就能幫你的手機清出更多空間！

下載網址：https://tinyurl.com/y9btzry8   Google 搜尋

01 由於Files需要取得系統權限以刪除檔案，所以在第一次使用時，如果有跳出詢問是否允許存取裝置中的相片、媒體和檔案時，請按一下〔允許〕。

02 Files會自動幫你找到手機中不需要的檔案，你只要點擊〔確認並釋出＊MB〕的按鈕，就可以輕鬆地將手機清出更多空間。

03 Files讓清除手機無用檔案這件事變得更方便，也因為是Google自家出品的功能，因此不用擔心是不是內有搞鬼軟體，用起來更放心。

11 「Google Pay」讓你帶手機就能輕鬆購物

結帳時還在慌慌張張的掏出信用卡來付錢嗎？你有更聰明的方式，將卡片存到手機上，改用Google Pay來付款，不僅免去了掉卡的風險，也能更簡單快速的將身上所有卡片整合到電子支付中。

下載網址：https://tinyurl.com/cbvqfet   Google 搜尋

01 Google Pay可以取代信用卡的功能來付款，如果你的手機有支援NFC感應的話，更可以開啟此功能，讓付款時更方便快速。

02 在底下點擊「付款方式」，就能看到目前有多少張信用卡，此外點擊〔付款方式〕，即能新增新的付款卡片。

03 在「票卡」頁面中，還能夠將你的會員卡通通整合起來，變成電子版本，往後出門就不用帶一堆會員卡，只要事先建好項目，就可以在需要時叫出會員條碼了。

12 「尋找我的裝置」Google幫你找手機

當你在手機遺失的時候，可以安裝「尋找我的裝置」App，用另一隻手機幫你定位手機最後出現的地方，並且可以遠端讓手機發出聲響，嚇阻撿到手機但私藏起來的人。如果手機中有重要資料的話，也可以鎖定手機與清除手機內的資料。

下載網址：https://tinyurl.com/yyjrp5q2   Google 搜尋

01 開啟「尋找我的裝置」後，需先登入才能使用相關功能。

02 除此之外，還要開啟存取此裝置的地點的權限，才能正確顯示手機的所在地點。

03 即使其他手機未安裝「尋找我的裝置」App，但還是能在畫面上看到手機的最後出現地點，以及可以遠端讓手機發出警報聲、鎖定手機以及清除手機內容。

13 「Google PDF檢視器」用手機輕鬆看文件

很多時候我們都會用到PDF格式來閱讀文件檔案，但是Android手機卻沒有內建PDF閱讀軟體！還好Google官方推出了PDF檢視器，因此可以安裝它來在手機上看PDF文件。

下載網址：https://tinyurl.com/yxe37ho8　 Google 搜尋

安裝完成以後，當你開啟PDF文件檔時，便可選用Google PDF檢視器來瀏覽、列印、搜尋及複製PDF文件。